安徽省气候图集
Climatological Atlas of Anhui Province

■ 安徽省气象局 编

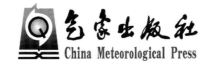

气象出版社
China Meteorological Press

内容提要

本图集是在安徽省多年气象观测资料基础上经过科学计算整编而成，它以地图的形式直观地展示了安徽省气候的时空分布规律，客观地揭示了安徽省气候的基本特征。其内容包括序图、基本气候图、灾害性天气气候图、应用气候图和气候变化图五个图组共五百余幅图。读者可以从该图集系统地了解安徽省的基本气候概况、气象灾害特征、气候资源分布以及气候变化事实等。为了便于读者使用，本图集在序图中还提供了安徽省行政区划图、安徽省地势图和安徽省气象观测站分布图，供读者阅读时参考。

本图集是一部基础性工具书，为气象、农林、交通、水利、能源、环保、建筑、工程设计和各级防灾减灾指挥部门在进行科研、管理与决策时提供最基本的科学依据，也可供其他与气候关系密切的部门参考使用。

图书在版编目（CIP）数据

安徽省气候图集／安徽省气象局编.
—北京：气象出版社，2014.9
ISBN 978-7-5029-6012-4

Ⅰ.①安… Ⅱ.①安… Ⅲ.①气候图－安徽省－图集
Ⅳ.①P469.2

中国版本图书馆CIP数据核字（2014）第224583号

审图号：皖S（2014）007号

气象出版社 出版
（北京市海淀区中关村南大街46号 邮编：100081）
总编室：010-68407112 发行部：010-68409198
网址：http://www.qxcbs.com E-mail：qxcbs@cma.gov.cn
责任编辑：陈 红   终审：邵俊年
责任技编：吴庭芳
＊ ＊ ＊
中煤地西安地图制印有限公司 印刷
气象出版社出版发行
＊ ＊ ＊
开本：889×1194 1/16   印张：16.5
2014年11月第1版   2014年11月第1次印刷
定价：880.00元

《安徽省气候图集》编审委员会

主　　任　　于　波
副 主 任　　汪克付
委　　员　　田　红　　徐　敏　　张　苏　　王东勇　　吴必文　　盛绍学
　　　　　　孔俊松　　徐春生

《安徽省气候图集》编图组

组　　长　　田　红
副 组 长　　徐　敏　　谢五三
成　　员　　戴　娟　　王　胜　　吴　蓉　　唐为安　　杨　玮　　马晓群
　　　　　　张宏群　　徐光清　　温华洋
顾　　问　　陈　焱　　王效瑞

《安徽省气候图集》设计制作

总体设计　　高晓梅
制印工艺　　植忠红
制图编辑　　焦　琳　　吕　艳　　李瑞兰　　江　波　　黄安颖　　兰雪萍
　　　　　　台　群　　张　魏　　董米茹　　杨华玲　　马英平　　陈翠萍
　　　　　　马君睿　　高艺昕　　万　波　　林敏敏

《安徽省气候图集》参加单位

主编单位　　安徽省气象局
制图单位　　中煤地西安地图制印有限公司

前 言

气候是一段较长时期（月、季、年及以上时间尺度）天气的平均状况，一般以冷、暖、干、湿等特征来衡量描述。光、热、水等气候资源是自然资源的重要组成部分，也是人类及一切生物赖以生存的基础，更是经济社会发展的必需条件。安徽省地处暖温带与亚热带的过渡地带，气候温和，雨量适中，光照充足。同时，由于气候的过渡型特征，导致天气气候复杂多变，暴雨洪涝、干旱、高温热浪、台风、雷电、大风、冰雹、龙卷风、雨雪冰冻等气象灾害频繁发生。最近几十年来，在全球气候变暖的背景下，安徽省气候也发生了明显变化，气温升高、降水异常、极端天气气候事件频繁发生且强度加剧，对安徽省自然生态系统和经济社会发展产生了不利影响。

气候图集是一个地区基本气候状况、气候资源分布以及气候变化事实的直观表达形式，也是科学认识气候及气候变化规律的重要途径，对于减轻气象灾害影响、合理开发利用气候资源、应对气候变化均具有参考意义。安徽省第一部气候图集出版于 1986 年，为当时认识安徽省气候状况、充分利用农业气候资源、指导农业生产发挥了重要作用。随着经济社会发展，第一部气候图集已不能满足社会需求；并且，气候变化也导致图集内容亟待更新。此部气候图集正是在这种背景下编制而成的。

《安徽省气候图集》由序图、基本气候图、灾害性天气气候图、应用气候图和气候变化图组成。图集汇总了安徽省所有气象台站的观测资料，并经过标准化、规范化处理和严格的质量控制，使用科学的数理统计方法，结合现代信息技术编制而成。图集内容丰富、形式多样，与第一部气候图集相比，增加了应用气候图和气候变化图两个图组，标准气候值采用世界气象组织（WMO）推荐的 1981—2010 年 30 年平均值。这部气候图集主要由安徽省气候中心编制而成，安徽省气象信息中心和安徽省气象科学研究所分别提供资料和相关内容，安徽省气象局有关专家对图集进行了论证和审核，最后由中煤地西安地图制印有限公司制图，气象出版社编辑出版。在此，向编印这本图集的单位及科技人员表示衷心的感谢。

图集编制中的不足和疏漏之处，深望读者批评指正。

安徽省气象局局长 于波

2014 年 9 月

编制说明

　　《安徽省气候图集》包括序图、基本气候图、灾害性天气气候图、应用气候图和气候变化图五个部分。其中序图(安徽省行政区划图、安徽省地势图和安徽省气象观测站分布图)3幅,基本气候图(气温、降水、日照、湿度、风、气压、地温、云、水汽压、蒸发和气候要素综合图)275幅,灾害性天气气候图(雨涝、干旱、高温、低温冻害、大风、雷暴、冰雹、台风、连阴雨、寒潮、雾、霾、雪和典型灾害个例)67幅,应用气候图(农业气候及区划、气象灾害风险区划、工程气候、风能及太阳能资源)101幅,气候变化图(气温变化、降水变化、日照变化、线性倾向率和四季变化等)68幅。

　　本图集所用地理底图采用双标准纬线等角圆锥投影,中央经线117°30′E,标准纬线30°N和34°N。根据各专题图的设计需求,比例尺分别为1:2 800 000和1:5 000 000。图集中安徽省县级以上行政区划线参考《中华人民共和国行政区划图集》和《安徽省地图集》,行政区划境界线不作为划界依据。图集采用全数字地图编辑出版技术,由中煤地西安地图制印有限公司制图,气象出版社编辑出版完成。

　　本图集采用安徽省76个气象台站的实测资料(部分要素为计算量)进行绘制,以等值线形式表示为主,兼用曲线图、面积图、直方图、栅格图等多种表现形式。图集内容主要反映各要素的累年平均状态,其累年平均值是按照世界气象组织(WMO)制定的国际统一标准计算的1981—2010年30年累年平均值,极值是指1961—2010年50年中的极值,图集中各要素的历年变化采用1961—2010年资料。

一、基本气候图

1. 气温

　　气温:指气象观测场中离地面1.5 m高的百叶箱内测得的空气温度,单位为摄氏度(℃)。

　　平均气温:一定时期内(年、季、月)各次定时观测的平均值。四季按天文季节划分,春季(3—5月)、夏季(6—8月)、秋季(9—11月)、冬季(12月—次年2月)。

　　平均最高(最低)气温:一定时期内(年、月)最高(最低)气温的平均值。

　　平均年极端最高(最低)气温:指历年年极端最高(最低)值的多年累计平均值。

　　各月极端最高(最低)气温:指各月观测记录中出现的极端最高(最低)值。

　　极端最高(最低)气温:指历年观测记录中出现的极端最高(最低)值。

　　气温年较差:指一年内最热月与最冷月平均气温差值。

　　气温日较差:指一定时期内(年、月)累年平均最高与累年平均最低气温之差值。

　　四季起始期及日数:5 d滑动日平均气温稳定高于10℃为春季开始,5 d滑动日平均气温稳定高于22℃为夏季开始,5 d滑动日平均气温稳定低于22℃为秋季开始,5 d滑动日平均气温稳定低于10℃为冬季开始。四季的起始日和终止日之间的日数为某季节的长度。

2. 降水

　　降水量:指自天空下降的液态、固态降水(融化后)积聚在水平器皿(雨量筒)中的深度,单位为毫米(mm)。

　　年、季、月降水量:指一定时期内(年、季、月)各日降水量总和。

　　年、季、月降水距平百分率:指一定时期内(年、季、月)降水量与同期气候平均降水量之差再除以同期气候平均降水量乘以100%。

　　各季降水量占年降水量百分率:指各季降水量除以年降水量并乘以100%。

　　年(月)降水日数:指年(月)内日降水量≥0.1 mm的天数总和,单位为天(d)。

　　年各级别降水日数:指年内日降水量达到某级别量的天数总和。其中日降水量0.1～9.9 mm为小雨,日降水量 10.0～24.9 mm 为中雨，日降水量 25.0～49.9 mm 为大雨，日降水量 50.0～99.9 mm 为暴雨，日降水量 100.0～249.9 mm 为大暴雨。

最长连续降水日数：指历年观测记录中连续降水日数的最大值。

最长连续无降水日数：指历年观测记录中连续无降水日数的最大值。

梅雨期降水量：年内入梅日至出梅日之间的降水量总和。

3. 日照

年（月）日照时数：指一定时期内（年、月）太阳实际照射时数的总和，单位为小时（h）。

年（月）日照百分率：指一定时期内（年、月）实际日照时数占可照时数的百分比，单位为百分数（%）。

4. 湿度

相对湿度：指空气中实际水汽压与当时气温下的饱和水汽压之比，单位为百分数（%）。

5. 风

平均风速：指两分钟（min）定时观测的平均值，单位为米/秒（m/s）。

年、月各风向频率：指（年、月）各风向出现次数占观测总次数的百分比，单位为百分数（%）。

各风向平均风速和最大风速：各风向平均风速指该风向下实际风速的平均值。最大风速指实测记录中该风向的最大风速值，单位为米/秒（m/s）。C 指静风频率，单位为百分数（%）。

6. 气压

海平面气压：气压是作用在单位面积上的大气压力，即等于单位面积上向上延伸到大气上界的垂直空气柱的重量，单位为百帕（hPa）。为便于分析，需将各地面气象观测站不同高度的本站气压值订正到海平面高度，我国以黄海海平面平均高度为海平面基准点。

7. 地温

地面温度：指地面与空气交界处的温度，单位为摄氏度（℃）。

平均地面温度：指一定时期内（年、月）各次定时观测的地面温度平均值。

平均最高（最低）地面温度：指一定时期内（年、月）最高（最低）地面温度的平均值。

极端最高（最低）地面温度：指历年观测记录中日最高（最低）地温极大（极小）值。

5 cm（10 cm、15 cm、20 cm、40 cm、80 cm、160 cm、320 cm）地温：指离地面下 5 cm（10 cm、15 cm、20 cm、40 cm、80 cm、160 cm、320 cm）深度的地中温度。

8. 云

总云量：指天空被所有云遮蔽的总成数（1～10 成）。

低云量：指天空被低云族的云所遮蔽的成数（1～10 成）。

晴天日数：日平均总云量小于 2 成的日数总和。

阴天日数：日平均总云量大于 8 成的日数总和。

9. 水汽压

水汽压：指空气中水汽的分压力，单位为百帕（hPa）。

极端最大（最小）水汽压：指历年观测记录中水汽压的最大（最小）值。

10. 蒸发

蒸发量：气象站测定的蒸发量是水面（含结冰时）蒸发量，指一定口径的蒸发器中，在一定时间间隔内因蒸发而失去的水层深度，单位为毫米（mm）。本图集所统计的蒸发量为小型蒸发皿观测的蒸发资料。

二、灾害性天气气候图

1. 雨涝

根据安徽省干旱监测和影响评价业务规定，采用降水距平百分率来评价年、季的雨涝程度，年降水距平百分率≥15%为一般洪涝，年降水距平百分率≥40%为严重洪涝；季降水距平百分率≥25%为一般洪涝，季降水距平百分率≥50%为严重洪涝。

特大暴雨日数：1961—2010年间各站日降水量≥250.0 mm的总日数。

年暴雨日数极大值：指历年观测记录中各站年暴雨日数的最大值。

2. 干旱

根据安徽省干旱监测和影响评价业务规定，采用降水距平百分率来评价年、季的干旱程度，年降水距平百分率≤-15%为一般干旱，年降水距平百分率≤-40%为严重干旱；季降水距平百分率≤-25%为一般干旱，季降水距平百分率≤-50%为严重干旱。

干旱日数：根据《气象干旱等级》国家标准（GB/T 20481—2006）给出的定义：当综合气象干旱指数CI连续10 d为轻旱以上等级，则确定为发生一次干旱过程，干旱过程的开始日为第1 d CI指数达轻旱以上等级的日期；在干旱发生期，当综合干旱指数CI连续10 d为无旱等级时干旱解除，同时干旱过程结束，结束日期为最后1次CI指数达无旱等级的日期，干旱过程开始到结束期间持续的日数为干旱日数。

各月干旱日数占全年干旱日数百分比：指各月干旱日数除以年干旱日数再乘以100%。

3. 高温

高温日：日最高气温≥35℃称为高温日。

4. 低温冻害

结冰日数：观测到结冰的日数总和，结冰是指露天水面（包括蒸发器的水面）冻结成冰。

雨凇日数：在寒冷季节中，出现由过冷却雨或毛毛雨，降落到温度在冰点以下的地面或地物上冻结而成冰层的天数。

5. 大风

大风日数：指一天中出现瞬间风速≥17.2 m/s或风力≥8级的日数。

6. 雷暴

雷暴日：凡有闪电兼有雷声，或有雷声而无闪电均为雷暴日。

7. 冰雹

冰雹总次数：指1961—2010年间出现冰雹次数总和。

8. 台风

影响安徽的台风主要路径：指影响安徽省的台风最主要的几条路径，来自安徽省气象局预报员专项"不同路径的台风对安徽省的风雨影响及天气形势"研究成果。

台风暴雨：受台风影响产生的暴雨。

9. 连阴雨

连阴雨：连续5 d内有≥4 d雨日，无降水日日照小于2 h，允许有微量降水，但该日日照应小于4 h；或连续10 d内有≥7 d雨日，无降水日日照小于2 h，允许有微量降水，但该日日照应小于4 h。

10. 寒潮

寒潮：24小时平均气温降幅≥8℃或48小时降温≥10℃，且最低气温≤5℃的强冷空气过程。

11. 雾、霾

雾日： 凡是贴地层空气悬浮着大量水滴或冰晶微粒，常呈乳白色，水平能见度小于 1 km 为雾日。

霾日： 凡有大量极细微的干尘粒等均匀地浮游在空中，水平能见度小于 10 km 为霾日。

12. 雪

降雪日数： 指一天中雪经融化后，水量≥0.1 mm 的天数。

积雪日数： 指一天中雪覆盖地面达到测站四周可见范围内一半以上面积时的天数。

13. 典型灾害个例

典型旱年： 1978 年 4—10 月降水距平百分率分布图；

典型涝年： 1991 年夏季降水距平百分率分布图；

典型高温年： 1994 年夏季气温≥35℃ 高温日数分布图；

典型低温年： 1969 年冬季极端最低气温分布图；

典型台风过程： 2005 年 9 月 2—4 日"泰利"台风过程降水量分布图；

典型暴雪过程： 2008 年 1 月最大积雪深度分布图。

三、应用气候图

1. 农业气候及区划

日平均气温稳定通过 0℃（5℃、10℃、15℃、20℃）的初终日： 指一年中任意连续 5 d 日平均气温的平均值（5 d 滑动平均）大于或等于 0℃（5℃、10℃、15℃、20℃）的最长一段时间内，于第一个 5 d 中挑取最先（最末）一个日平均气温大于或等于该界限温度的日期为初（终）日。

初终间日数： 指某界限温度稳定通过的初日到终日之间的天数。

积温： 指初终期之间各日平均气温的总和，单位为度·日（℃·d）。

保证率为 80% 的降水量： 采用指定概率条件下界限值的统计求得，稳定通过使用日平均气温 5 d 滑动平均值为判据，将历年（1961—2010 年）日平均气温稳定通过各界限温度初终日的降水量 x_j 作由大到小的排列，按指定概率条件下界限值的计算式：

$$x = (1-a)x_j + ax_{j+1}$$

式中，j 为序号，$j = [p(n+1)]$，j 取整数，n 为记录个数，p 为指定概率又称保证率；$a = p(n+1)-j$。

保证率为 80% 的年无霜期日数和各级保证率（90%、80%、50%、25%、10%）的年降水量： 其统计方法均按上式求得。

霜日： 指贴近地面的空气受地面辐射冷却的影响而降温到霜点以下，在地面或物体上凝华而成白色冰晶的天数。

初霜日，终霜日： 在以当年 7 月 1 日起，次年 6 月 30 日止为一年的年度内，最早出现霜日的日期为初霜日，最晚出现霜日的日期为终霜日。

霜冻日： 指日最低地面温度≤0℃，使作物遭受冻害的天数。

霜冻初日，霜冻终日： 在以当年 7 月 1 日起，次年 6 月 30 日止为一年的年度内，最早出现霜冻日的日期为霜冻初日，最晚出现霜冻日的日期为霜冻终日。

农业气候区划： 根据农业对气候条件的特定要求和主要农业生物的地理分布、生长发育和产量形成有决定意义的农业气候指标，遵循气候分布的地带性和非地带性规律以及农业气候相似性和差异性原则，采用一定的区划方法，将某个区域划分为不同等级的区域单元。本图集给出了安徽省水稻、冬小麦、油菜气候适宜性区划以及冬小麦干旱风险区划图。

水稻气候适宜性区划表：

区代号	气温适宜性	亚区代号	降水适宜性
I	双季稻、一季稻均适宜	I-1	一季稻适宜，双季稻偏少次适宜
		I-2	双季稻适宜，一季稻偏多次适宜
		I-3	双季稻偏多次适宜，一季稻不适宜
II	一季稻适宜，双季稻次适宜	II-1	一季稻偏少次适宜，双季稻不适宜
		II-2	一季稻适宜，双季稻偏少次适宜
		II-3	双季稻适宜，一季稻偏多次适宜
		II-4	双季稻偏多次适宜，一季稻偏多不适宜
III	单双季稻均不适宜	III	双季稻偏多次适宜，一季稻偏多不适宜

冬小麦气候适宜性区划表：

区				亚区	
代号	名　称	气温适宜性		代　号	降水适宜性
I	半冬性适宜，春性不适宜，水分过少区	半冬性适宜，春性不适宜		I-1	偏少不适宜
II	半冬性适宜，春性次适宜，水分次少区	半冬性适宜，春性次适宜		II-1	偏少不适宜
				II-2	偏少次适宜
III	半冬性、春性均适宜，水分次少区	半冬性、春性均适宜		III-1	偏少次适宜
				III-2	适宜
IV	春性适宜、半冬性次适宜、水分基本适中区	半冬性次适宜，春性适宜		IV-1	适宜
				IV-2	偏多次适宜
				IV-3	偏多不适宜
V	春性适宜、半冬性不适宜，水分偏多区	半冬性不适宜，春性适宜		V-1	适宜
				V-2	偏多次适宜
				V-3	偏多不适宜

油菜气候适宜性区划表：

区			亚区		
代　号	名　称	极端最低气温（℃）	代　号	1月平均气温（℃）	降水适宜性
I	冬季气温偏低、降水偏少不适宜区	≤-11	I-1	≤0.5	偏少不适宜
			I-2	0.5～1.5	偏少次适宜
II	冬季气温适宜、降水适宜至偏多区	>-11	II-1	0.5～1.5	偏少次适宜
			II-2	1.5～3.0	适宜
			II-3		偏多次适宜
			II-4	>3.0	偏多次适宜

冬小麦干旱风险区划表：

区代号	全生育期	亚区代号	抽穗灌浆期
I	重度风险	I-1	中度风险
		I-2	重度风险
II	中度风险	II-1	轻度风险
		II-2	中度风险
III	轻度风险		
IV	微风险		

2. 气象灾害风险区划

气象灾害风险区划：根据自然灾害风险系统理论，从致灾因子、孕灾环境、承灾体和抗灾能力四个方面去综合评估气象灾害风险程度的地区差异，以一个综合的灾害风险指数作为指标，对气象灾害进行风险区划，并对区划结果进行验证。气象灾害风险指数模型为：

$$FDRI = (VE^{we})(VH^{wh})(VS^{ws})(1 - VR)^{wr}$$

式中，$FDRI$ 为灾害风险指数，越大表示灾害风险程度越高，VE、VH、VS、VR 分别是危险性、敏感性、易损性和抗灾能力指数，各要素的权重 we、wh、ws、wr 根据专家讨论确定。

本图集给出了安徽省暴雨洪涝、干旱、高温、低温冷冻、雷电、冰雹灾害风险区划图，根据灾害风险指数分布，将各气象灾害划分为高风险区、次高风险区、中等风险区、次低风险区和低风险区。

3. 工程气候

日、6 小时、3 小时、1 小时、10 分钟最大降水量：指历年观测记录中 1 日、6 小时、3 小时、1 小时、10 分钟的雨量滑动极大值。

年最大风速 ≥ 5.0 m/s（10 m/s）日数：一年中日最大风速 ≥ 5.0 m/s（10 m/s）日数的总和。

年日最低气温 ≤ -5℃（-10℃）日数：一年中日最低气温 ≤ -5℃（-10℃）日数的总和。

年日最高气温 ≥ 30℃（40℃）日数：一年中日最高气温 ≥ 30℃（40℃）日数的总和。

最大冻土深度：从历年最大冻土深度记录中挑取最大值，单位为厘米（cm）。

年降雪初日，年降雪终日：在以当年 7 月 1 日起，次年 6 月 30 日止为一年的年度内，最早出现降雪日的日期为初日，最晚出现的日期为终日。

年积雪初日，年积雪终日：在以当年 7 月 1 日起，次年 6 月 30 日止为一年的年度内，最早出现积雪日的日期为初日，最晚出现的日期为终日。

最大积雪深度：从历年最大雪深记录中挑取其最大值，单位为毫米（mm），取整数。

年积雪深度 ≥ 1 cm（5 cm、10 cm、20 cm）日数：一年中积雪深度超过 1 cm（5 cm、10 cm、20 cm）日数的总和。

雪压：指建筑物单位水平面上所受到积雪的重量，单位为克/厘米²（g/cm²）。

浮尘日：凡有尘土、细沙均匀地浮游在空中，水平能见度小于 10 km 为浮尘日。

扬沙日：凡是大风将地面尘沙吹起，水平能见度在 1～10 km 之内为扬沙日。

重现期（n 年一遇）：指大于或等于一定数值（$X \geqslant X_m$）的变量在很长时间内平均多少年出现一次的概念，是频率的另一种表示方法。重现期一般用 T 表示，重现期 T 与频率 P 的关系为：$T = 1/P$（年）。本图集中采用 1961—2010 年的年最大风速、年极端最高气温、年极端最低气温、年最大积雪深度的观测数据，计算方法采用 Gumbull 法计算所需重现期对应的数值。

4. 风能及太阳能资源

年平均风功率密度 D_{WP}，单位为瓦/米²（W/m²）

$$D_{WP} = \frac{1}{2n} \sum_{k=1}^{12} \sum_{i=1}^{n_k} (\rho_k \cdot v_{k,i}^3)$$

式中，n 为计算时段内风速序列个数；ρ_k 为月平均空气密度（kg/m³），$k = 1, 2, \cdots, 12$；n_k 为第 k 个月观测小时数；$v_{k,i}$ 为第 k 个月风速序列。

$$\rho_k = \frac{1.276}{1 + 0.00366 t_k} \left(\frac{p_k - 0.378 e_k}{1000} \right)$$

式中，p_k 为平均大气压（hPa）；e_k 为平均水汽压（hPa）；t_k 为平均气温（℃）。

50 m（70 m）平均风速和平均风功率密度采用长期数值模拟计算而得。长期数值模拟运用中国气象局风能资源数值模拟评估系统 WERAS/CMA，该系统包括天气背景分类与典型日筛选系统，中尺度模式 WRF 和复杂地形动力诊断模式 CALMET 以及风能资源 GIS 空间分析系统。基本思路：将评估区历史上出现过的天气进行分类，然后从各天气类型中随机抽取 5% 的样本作为数值模拟的典型日，之后分别对每个典型日进行逐时数值模拟，最后根据各类天气型出现的频率，统计分析得到风能资源的气候平均分布，模拟时段为 1979—2008 年。

总辐射量： 太阳投射在水平面上的直接辐射和天空散射的总和，单位为兆焦耳/米^2（MJ/m^2）。安徽省日射观测站为合肥和黄山市。全省年、月太阳总辐射分布是采用间接计算得到。经验公式为：

$$Q = Q_0(a + bS_1)$$

式中，Q 为月太阳总辐射，Q_0 为月天文辐射，S_1 为日照百分率，a，b 为经验系数。a，b 数值由合肥和黄山市的观测资料及最小二乘法计算求得。Q_0 数值由当月逐日天文总辐射量 Q_n 累加求得。

其中

$$Q_n = \frac{TI_0}{\pi\rho^2}(\omega_0 \sin\varphi \sin\delta + \cos\varphi \cos\delta \sin\omega_0)$$

式中，Q_n 为日天文辐射总量，单位为 MJ/（m^2·d）；I_0 为太阳常数 0.0820 MJ/（m^2·min）；T 为时间周期（24×60 min·d^{-1}）；ρ 为日地距离系数；ω_0 为日出、日落时角；φ 为地理纬度；δ 为太阳赤纬。

四、气候变化图

1. 气温变化

平均气温变率： 采用平均差（绝对变率）

$$\bar{d} = \frac{1}{n}\sum_{i=1}^{n}|x_i - \bar{x}|$$

式中，n 为资料年数，$\bar{x}$ 为累年平均值，x_i 为第 i 年的资料。本图集利用 1981—2010 年 30 年资料，计算了年、1 月、4 月、7 月和 10 月的平均气温变率。

平均气温历年变化： 以折线图形式反映安徽省 1961—2010 年历年平均气温变化，本图集提供了年和四季的平均气温历年变化图。

2. 降水变化

降水量相对变率： 采用相对平均差

$$\bar{d}_v = \frac{\frac{1}{n}\sum_{i=1}^{n}|x_i - \bar{x}|}{\bar{x}} \times 100\%$$

式中，n 为资料年数，$\bar{x}$ 为累年平均值，x_i 为第 i 年的资料。本图集利用 1981—2010 年 30 年资料，计算了年、1 月、4 月、7 月和 10 月的降水量相对变率。

降水量历年变化： 以折线图形式反映安徽省 1961—2010 年历年降水量变化，本图集提供了年、四季和梅雨期（沿江江南和江淮之间）的降水量历年变化图以及小雨、中雨、大雨日数的历年变化图。

夏季降水距平百分率年代际变化： 1961—1970 年、1971—1980 年、1981—1990 年、1991—2000 年、2001—2010 年的各 10 年平均夏季（6—8 月）降水量距平百分率图。这些图反映了安徽省夏季降水量的年代际变化特征。

3. 日照变化

日照时数历年变化：以折线图形式反映安徽省 1961—2010 年历年日照时数变化，本图集提供了年和四季的日照时数历年变化图。

4. 线性倾向率

线性倾向率：建立气候序列 x 与时间 t 之间的一元线性回归，用一条直线拟合 x 与 t 之间的关系，判断序列整体上升或下降趋势，$x_i = a + bt$，其中 $t = 1, 2, \cdots, n$，a 为常数，b 为倾向率，$b > 0$ 时说明序列随时间呈上升趋势；$b < 0$ 时说明序列随时间呈下降趋势；b 值大小反映了上升或下降倾向程度。本图集中，时间 t 为 1961—2010 年，计算要素为年平均气温、年降水量、各等级降水日数和年日照时数。

5. 芜湖近百年变化

芜湖近百年气象要素变化：芜湖自 1881 年开始有降水量观测记录，自 1924 年开始有气温观测记录，在 1881—1952 年期间有部分时段记录不全。本图集给出了芜湖近百年年降水量、年平均气温、年平均最高气温和年平均最低气温历年变化曲线。

6. 灾害性天气变化

全省主要气象灾害的历年变化：以折线图形式反映安徽省 1961—2010 年历年暴雨、干旱、高温、≤ 0℃ 低温、大风、雷暴、雾、霾和降雪日数变化。

冰雹、寒潮、连阴雨影响安徽的站次：指 1961—2010 年历年受冰雹、寒潮、连阴雨影响的站次。

热带气旋个数：1961—2010 年历年影响安徽的热带气旋个数。

7. 四季变化

四季起止日期及长度的年代际变化：纵坐标表示日期，横坐标表示 5 个年代（1961—1970 年、1971—1980 年、1981—1990 年、1991—2000 年、2001—2010 年），每张图中的柱状图从左往右依次反映了该季节的年代际变化，柱状图底部和顶部分别对应季节的起始日期和终止日期，柱状图上方数字为季节长度。

8. 均一性代表站要素历年变化

选取气温和降水均一性较好的代表站（亳州、凤阳、六安、巢湖、池州、黄山市），以折线和柱状图形式反映各站 1961—2010 年历年年降水量、平均气温、平均最高气温、平均最低气温、日照时数变化。

气候概况

安徽省位于东经114°54′～119°37′、北纬29°41′～34°38′之间，是中国东部临江近海的内陆省份。全省东西宽约450 km，南北长约570 km，总面积为13.94×10⁴ km²。地势西南高、东北低，地貌以平原、丘陵和山地为主。长江、淮河横贯东西，分别流经安徽省长达416 km和430 km，将全省划分为淮北平原、江淮丘陵和皖南山区三大自然区域。淮河以北，地势坦荡辽阔，为华北平原的一部分；江淮之间西耸崇山、东绵丘陵，山地岗丘逶迤曲折；长江两岸地势低平，河湖交错，平畴沃野，属于长江中下游平原；皖南山区层峦叠峰，峰奇岭峻，以山地丘陵为主。境内主要山脉有大别山、黄山、九华山、天柱山，最高峰黄山莲花峰海拔为1864 m。全省共有河流2000多条，湖泊110多个，著名的有长江、淮河、新安江和全国五大淡水湖之一的巢湖。

气候上属暖温带与亚热带的过渡地区。以淮河为大致界线，淮河以北属暖温带半湿润季风气候，淮河以南为亚热带湿润季风气候。主要的气候特点是：季风明显、四季分明，气候温和、夏雨集中，资源丰富、雨热同季，气象灾害、类多次频。

一、季风明显，四季分明

全省为冬冷夏热的季风气候，四季分明。冬季，常有冷空气侵袭，天气寒冷，偏北风较多，雨雪较少。夏季，盛行偏南气流，天气炎热，雨水充沛。春季天气多变，温度变化快，以偏东风居多。秋季，大气层结稳定，秋高气爽。

全省平均入春日为3月26日，长度68天；入夏日为6月3日，长度118天；入秋日为9月28日，长度56天；入冬日为11月23日，长度123天。四季分配大致是：春秋各2个月，夏冬各4个月，冬夏长，春秋短。因南北气候差异，淮北冬长于夏，沿江西部夏长于冬，其他地区夏冬长度接近。季节的开始日期，春夏先南后北，秋冬先北后南，前后约差10～20天，秋冬差别最大，夏季次之，春季差别最小。

二、气候温和，夏雨集中

全省年平均气温在14.5～17.2℃之间，有南部高、北部低，平原丘陵高、山区低的特点。1月为全省最冷月，平均气温2.7℃；7月为最热月，平均气温28.0℃。气温年较差在23.0～26.8℃之间。寒冷期和酷热期较短，属于温和气候型。历史上全省极端最低气温－24.3℃（固镇，1969年2月6日），极端最高气温43.3℃（霍山，1966年8月9日）。

全年降水量季节分布特征明显，夏雨最多、春雨多于秋雨、冬季最少。夏季降水量约占全年降水量的40%～60%，夏雨集中程度由南向北递增，淮北在50%以上。全省日最大降水量出现在汛期，为493.1 mm（岳西县，2005年9月3日）；1小时最大降水量为126.9 mm（来安县，1975年8月17日）。

梅雨是江淮流域特有的天气气候现象，梅雨期内暴雨频繁，降水强度大、范围广，是洪涝灾害集中期。一般年份的6—7月安徽省进入梅雨期，淮河以南平均入梅时间为6月16日，出梅为7月10日，梅雨期长度平均为24天，梅雨量江淮之间为270 mm，沿江江南为320 mm。但入梅时间、梅雨期长度及梅雨量年际变化很大。入梅最早的是1991年5月18日，出梅最迟的是1954年7月30日。梅雨期最长的是1954年，长达57天。江淮之间梅雨量最多的是1991年（939 mm），沿江江南是1954年（1014 mm），比常年偏多

2.0～2.5倍。也有少数年份没有明显降水，如1958年、1965年和1978年，称为"空梅"。

三、资源丰富，雨热同季

全省水、热、风、光等气候资源相对丰富。年降水量在747～1798 mm之间，有南部多于北部、山区多于平原丘陵的特点，黄山光明顶因海拔高（1840 m）而情况特殊，平均年降水量多达2269 mm。降水量年际差异显著，全省平均年降水量最多达1628 mm（1991年），最少仅685 mm（1978年），相差近1000 mm。全年无霜期为200～260天，大于等于10℃活动积温4700～5400℃·d。季风气候形成的雨热同季为农作物生长提供了优越的条件。

全省风能资源空间分布不均匀，大部分地区70 m高度年平均风速在5.5 m/s以下，平均风功率密度低于200 W/m²。但由于地形作用，皖东、皖西南及皖北部分区域的70 m高度年平均风速可达5.5 m/s，甚至6.0 m/s以上，风能资源较为丰富。

全省太阳辐射年总量在4100～4600 MJ/m²之间，其中淮北大于4500 MJ/m²。全年日照时数为1700～2200小时，自南向北递增，最多淮北2000～2200小时，最少江南1700～1800小时。就季节而言，夏季最多，冬季最少，春秋两季居中，春季多于秋季。

四、气象灾害，类多次频

由于全省气候的过渡型特征，天气多变，且地势地形多样，气象灾害种类多、发生频繁。主要有：暴雨、干旱、台风、暴雪、寒潮、霜冻、冰冻、低温、高温、大风、雷电、冰雹、大雾和霾等，其中旱涝灾害影响最为严重，淮北旱涝2～3年一遇，淮河以南3～4年一遇。一年中旱涝交替、旱涝并存也时有发生，1954年和1991年都出现前涝后旱，1999年则是南涝北旱。

据统计，各类气象灾害造成的直接经济损失中，以暴雨洪涝最重，损失约占60%，其次为旱灾，损失约占20%。

目 录

应用气候图

农业气候及区划

气象灾害风险区划

工程气候

风能及太阳能资源

气候变化图

气温变化

降水变化

日照变化

线性倾向率

芜湖近百年变化

灾害性天气变化

四季变化

均一性代表站要素历年变化

地理底图图例

◎ 合肥	省政府驻地
◉ 芜湖	地级市政府驻地
○ 来安	县(市、区)政府驻地
——·——·——	省级界
- - - - - - - - -	未定省级界
—·—·—·—·—	地级界
··················	运河
	河流、湖泊

序图

基本气候图
灾害性天气气候图
应用气候图
气候变化图

▶ 安徽省行政区划图

▶ 安徽省地势图

▶ 安徽省气象观测站分布图

安徽省行政区划图

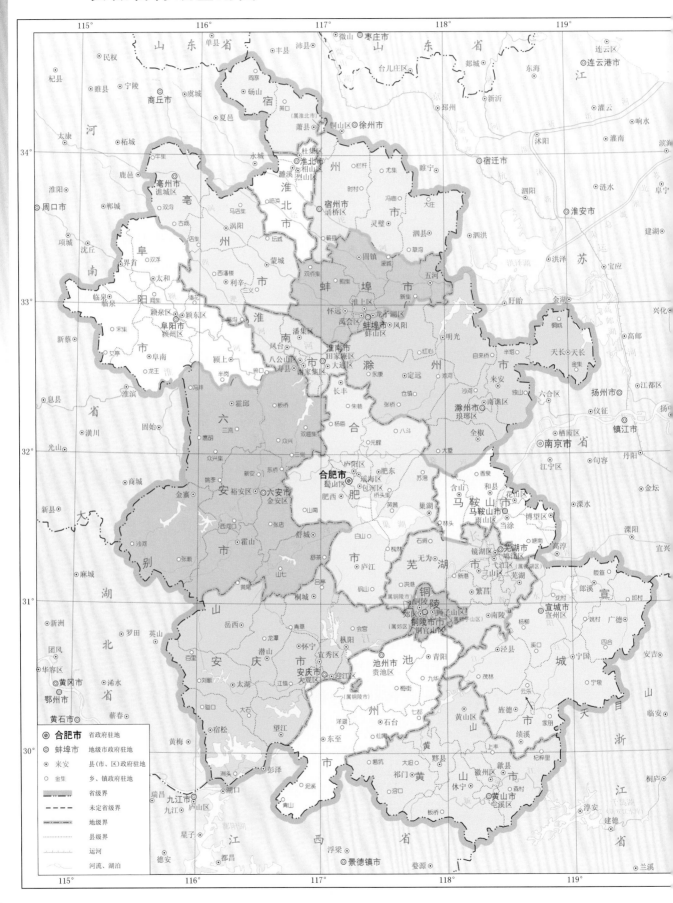

比例尺 1：2 800 000　　0　　28　　56km

安徽省地势图

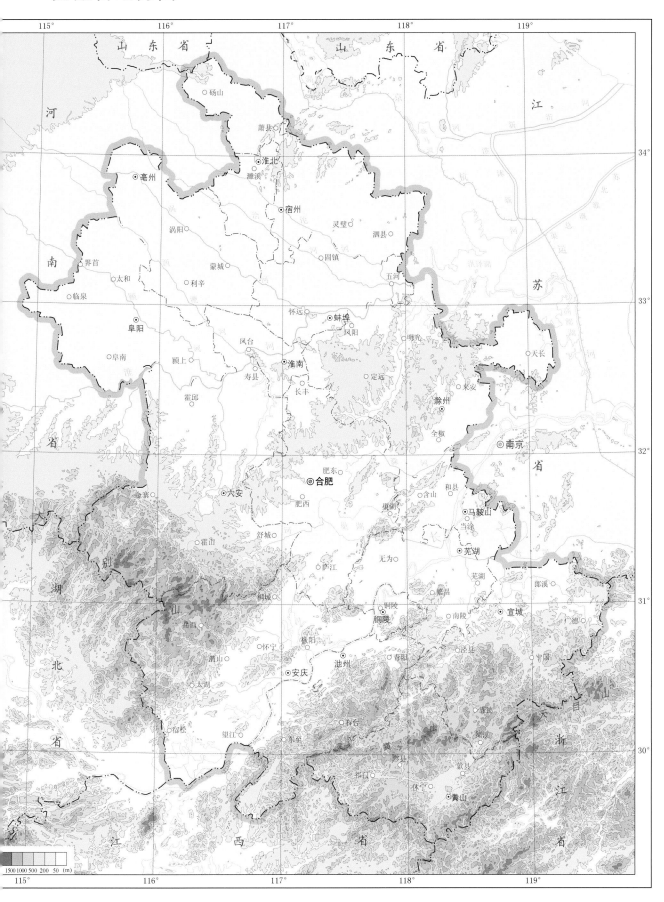

安徽省气象观测站分布图

多普勒天气雷达站
高空气象探测站
农业气象观测站
国家基准气候站
国家基本气象站
国家一般气象站

注：台站信息截至2010年12月（黄山光明顶2013年1月升级为基准站）。

序 图

基本气候图

灾害性天气气候图

应用气候图

气候变化图

▶ 气温

▶ 降水

▶ 日照

▶ 湿度

▶ 风

▶ 气压

▶ 地温

云

水汽压

蒸发

▶ 气候要素综合图

年平均气温

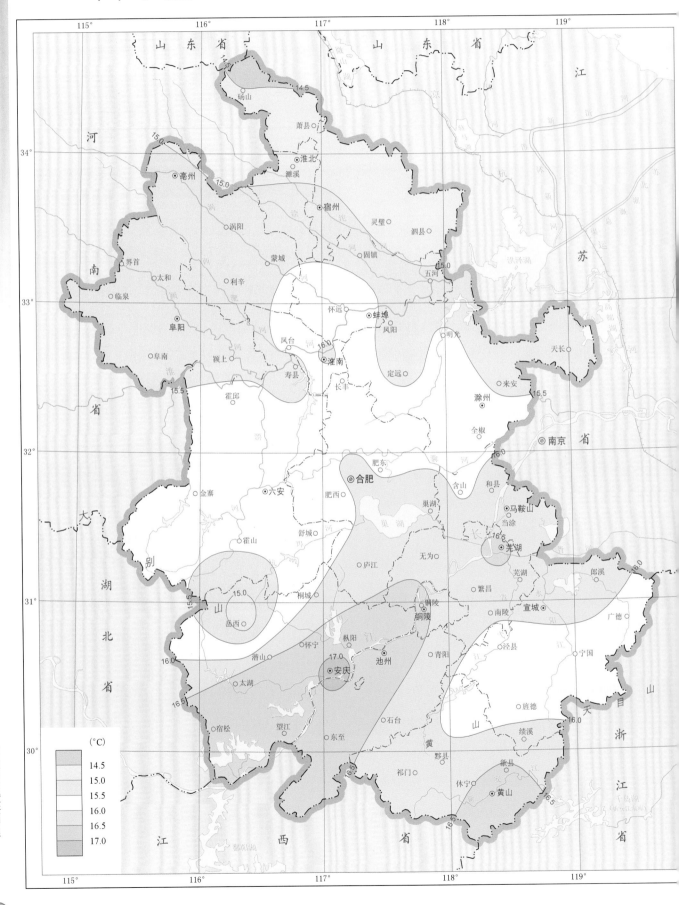

比例尺　1：2 800 000

安徽省气候图集

Climatological Atlas of Anhui Province

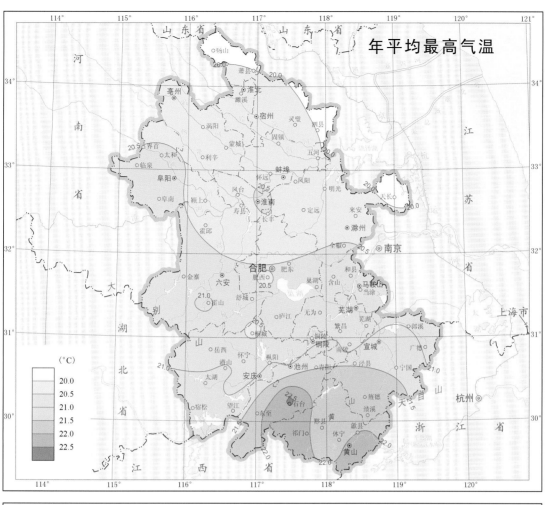

年平均最高气温

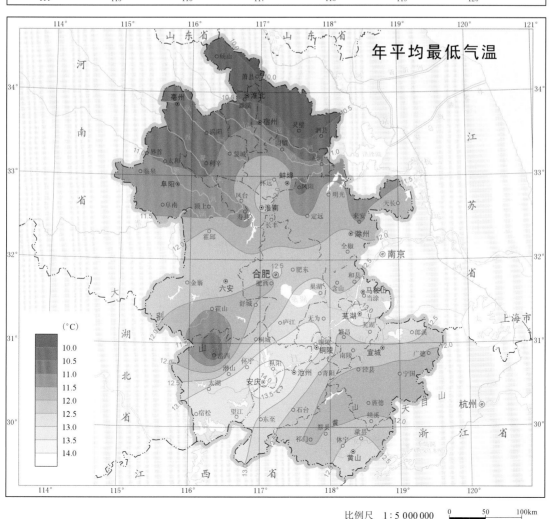

年平均最低气温

比例尺 1：5 000 000   0   50   100km

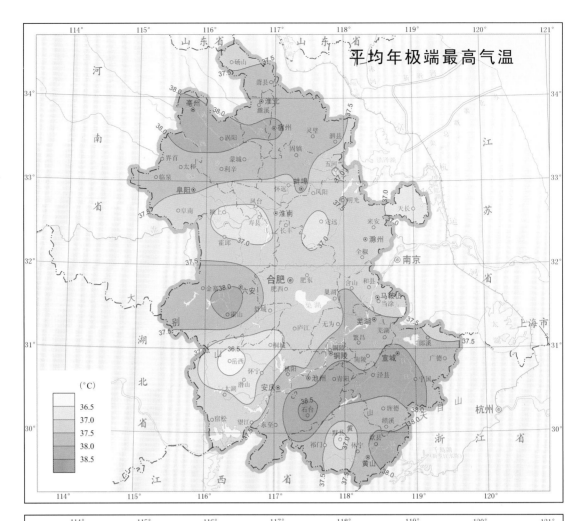

平均年极端最高气温

平均年极端最低气温

比例尺 1:5 000 000   0 50 100km

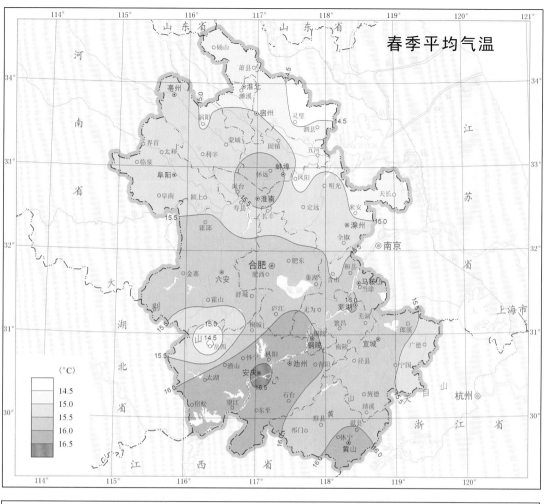

春季平均气温

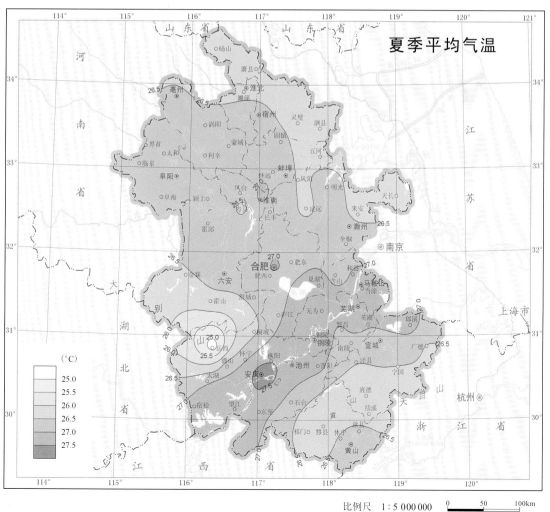

夏季平均气温

比例尺　1:5 000 000

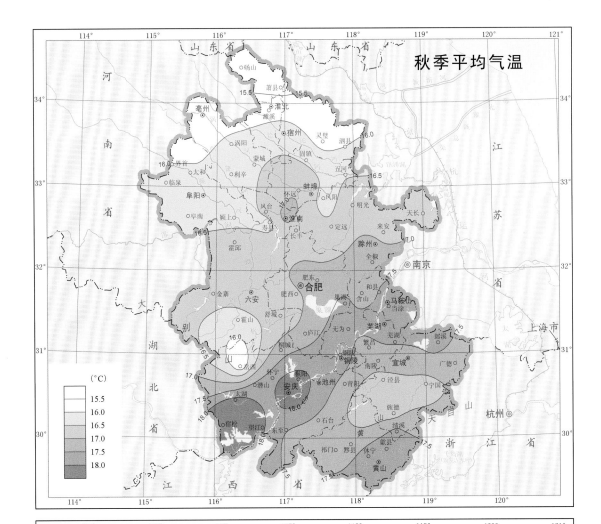

秋季平均气温

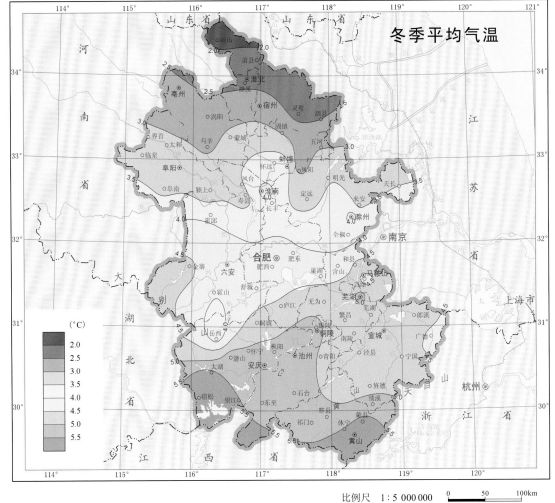

冬季平均气温

比例尺　1:5 000 000

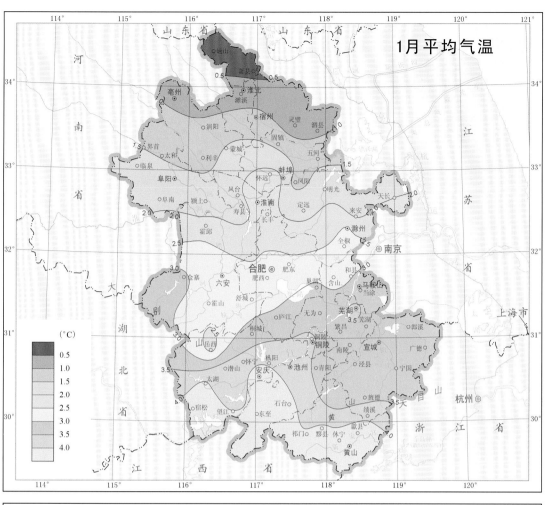

1月平均气温

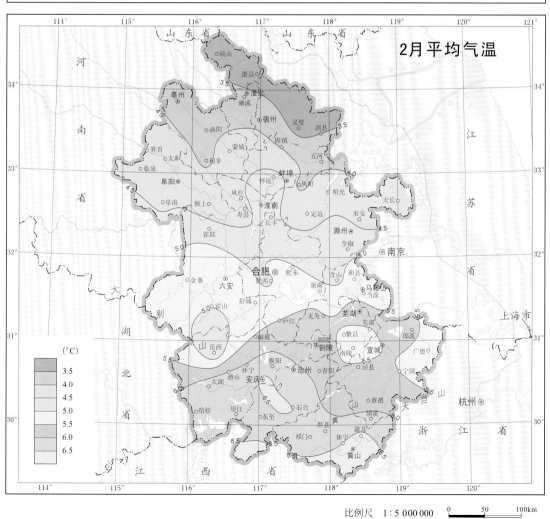

2月平均气温

比例尺 1:5 000 000

3月平均气温

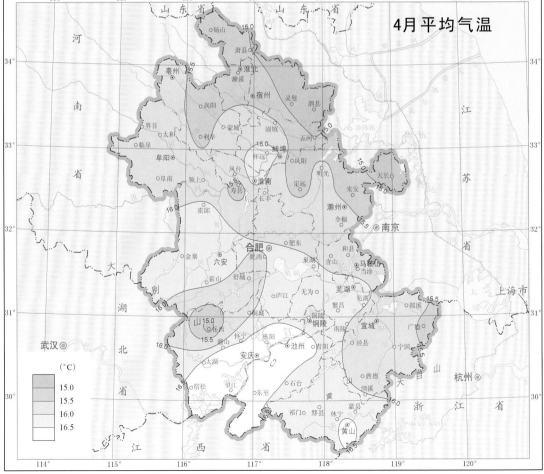

4月平均气温

比例尺 1:5 000 000　　0　50　100km

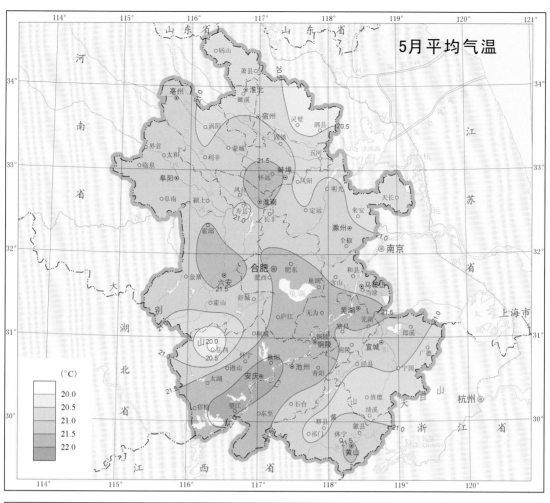

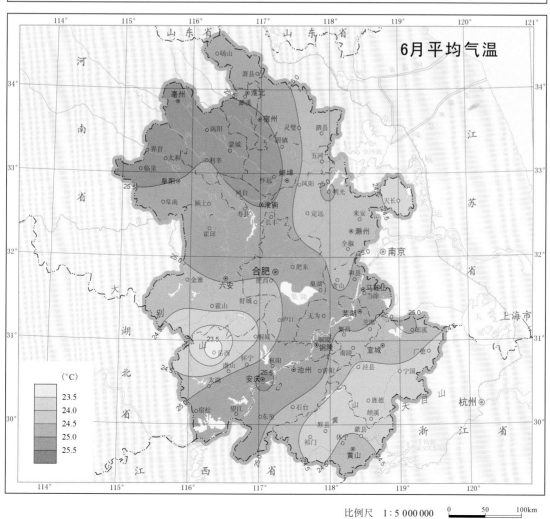

比例尺 1:5 000 000   0   50   100km

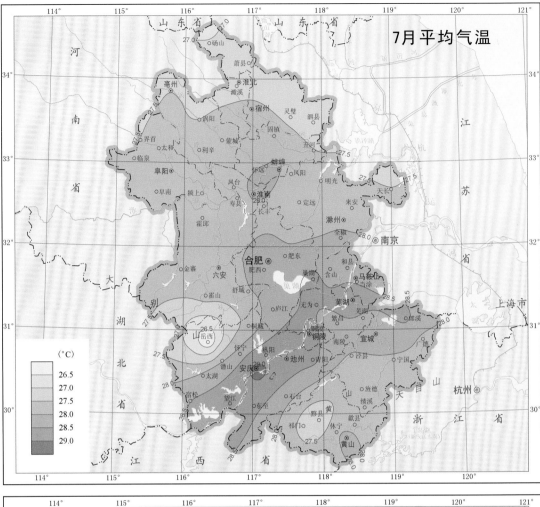

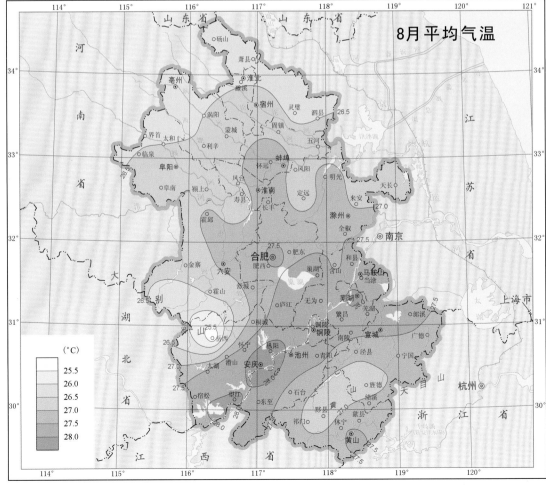

比例尺　1：5 000 000

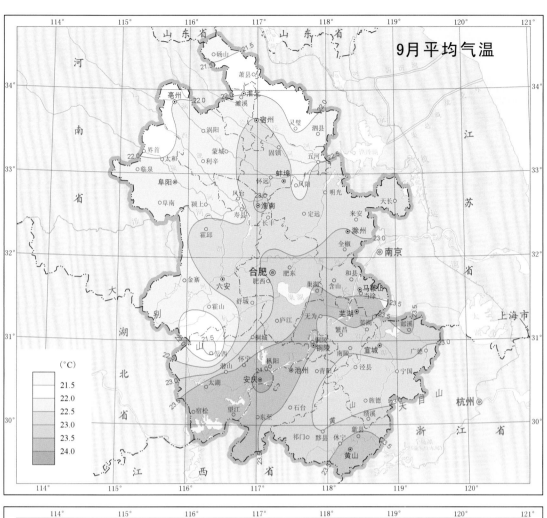

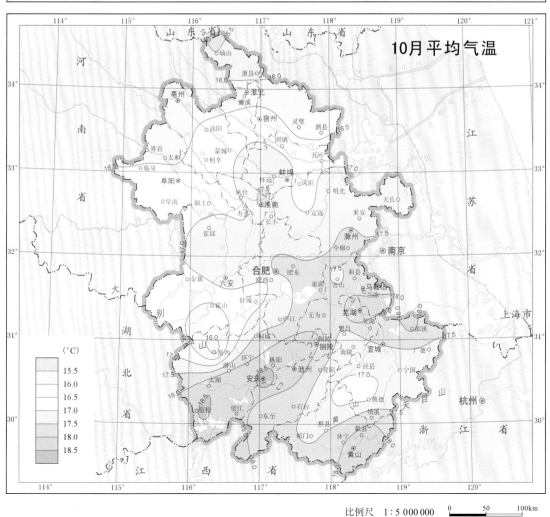

比例尺 1:5 000 000

0 50 100km

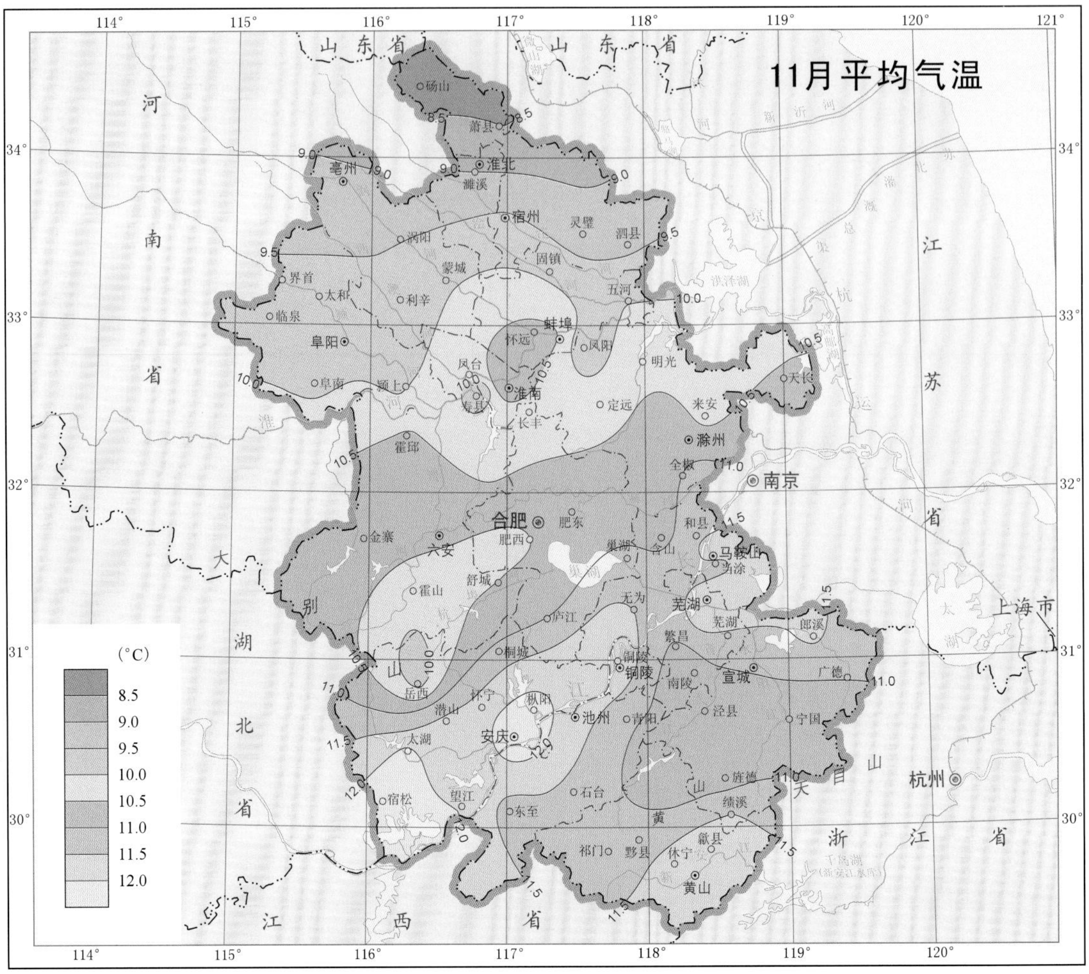

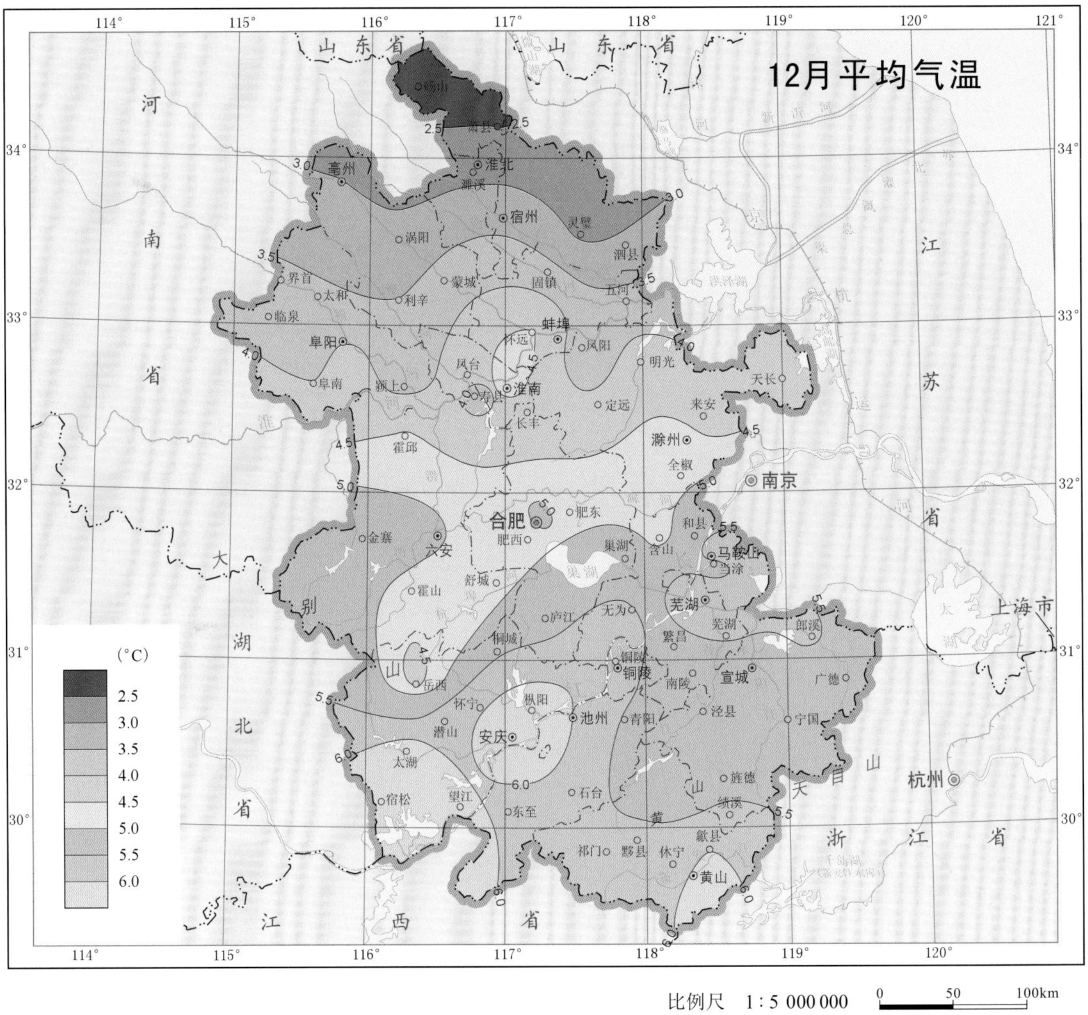

11月平均气温

（°C）
8.5
9.0
9.5
10.0
10.5
11.0
11.5
12.0

12月平均气温

（°C）
2.5
3.0
3.5
4.0
4.5
5.0
5.5
6.0

比例尺　1：5 000 000　　　0　50　100km

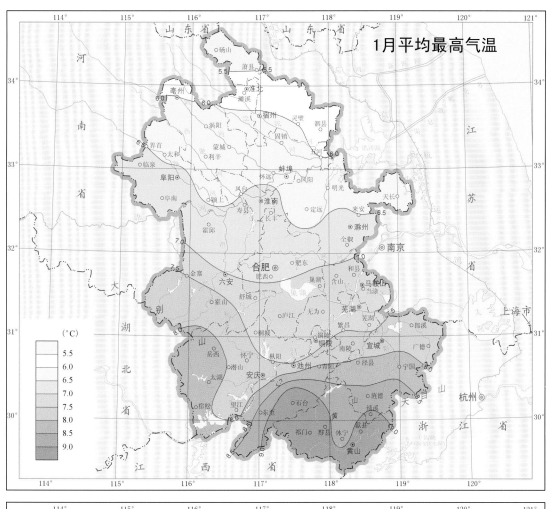

1月平均最高气温

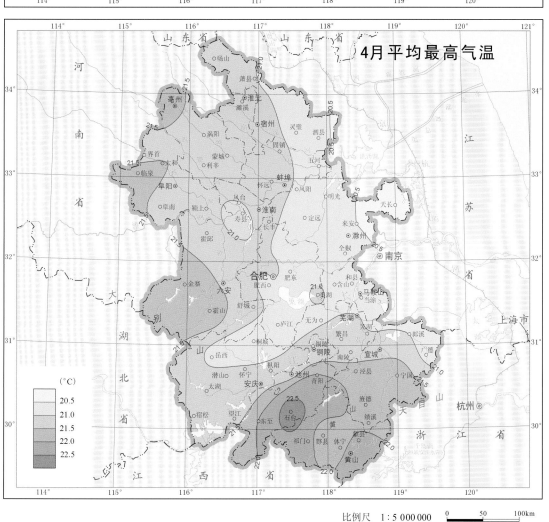

4月平均最高气温

比例尺 1:5 000 000   0   50   100km

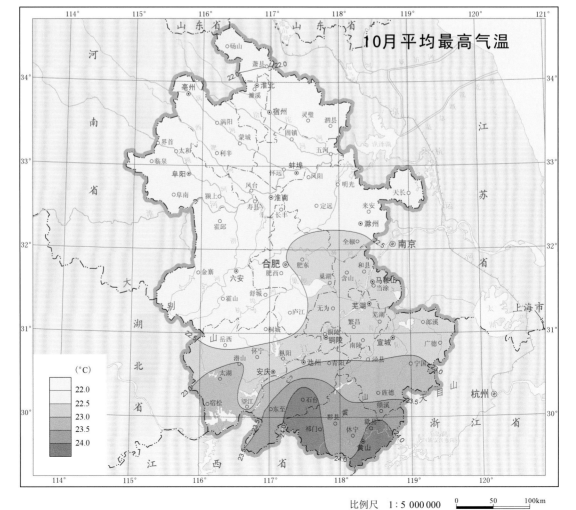

比例尺　1：5 000 000

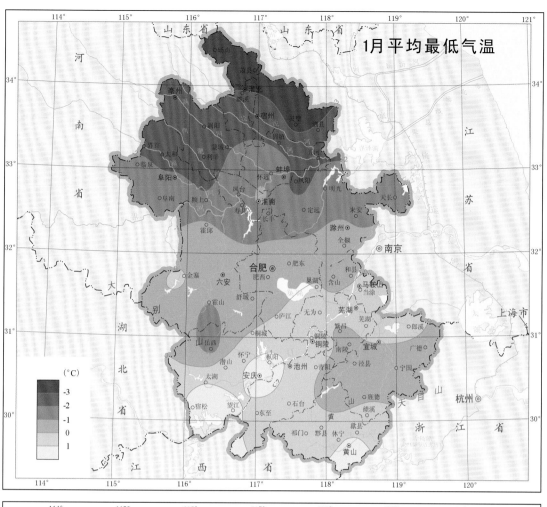

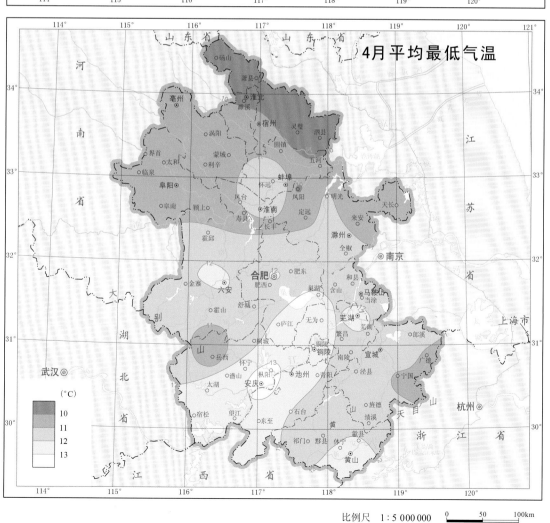

比例尺　1：5 000 000　　0　　50　　100km

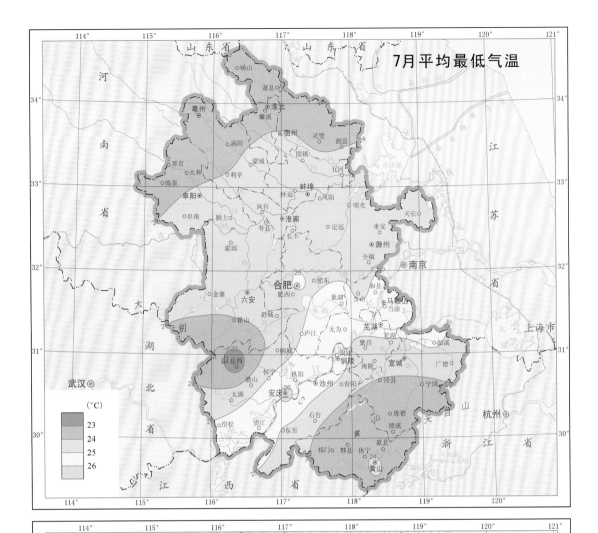

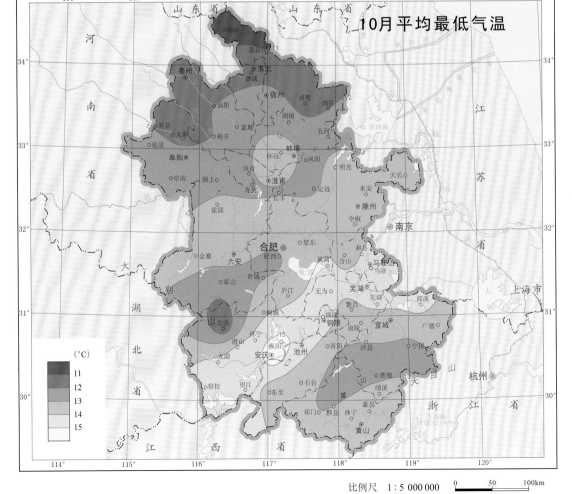

比例尺 1:5 000 000

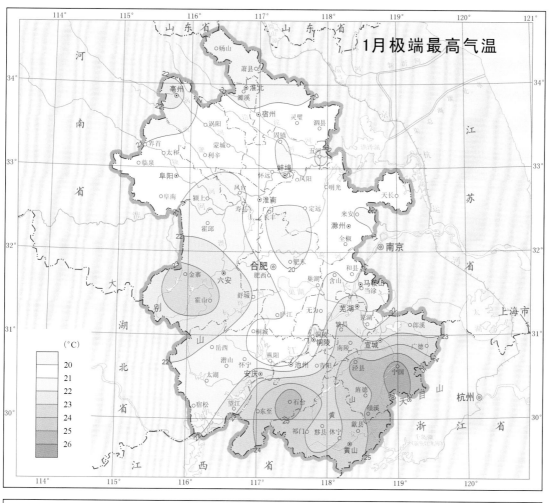

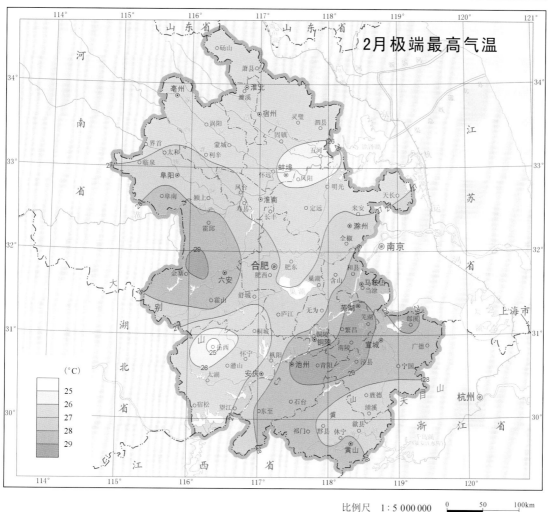

比例尺 1：5 000 000

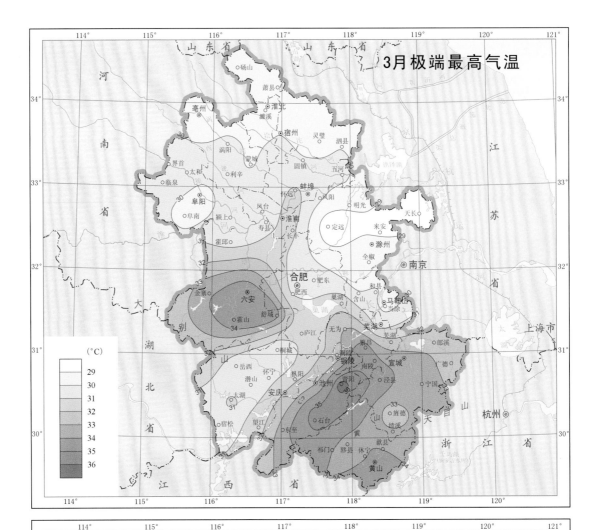

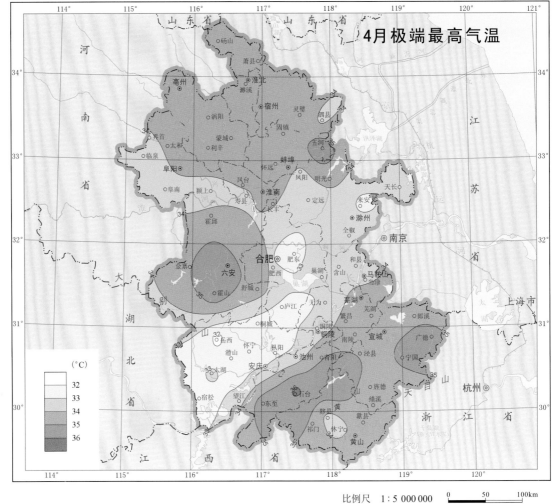

比例尺 1:5 000 000

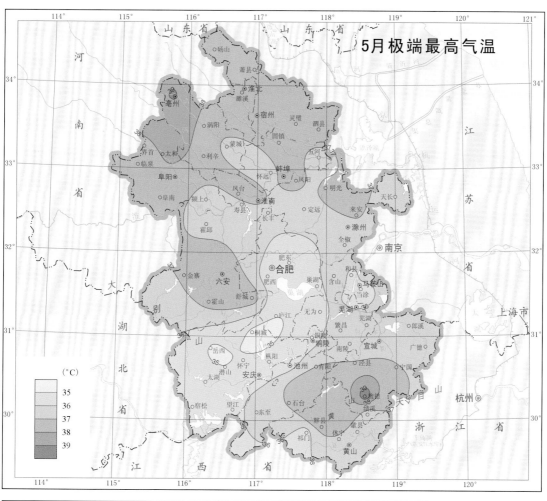

5月极端最高气温

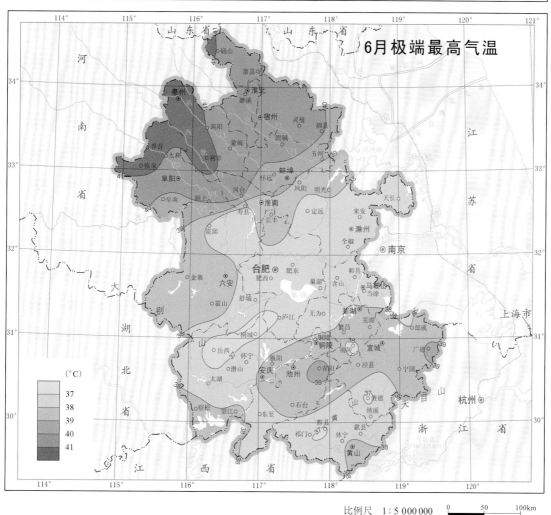

6月极端最高气温

比例尺 1:5 000 000

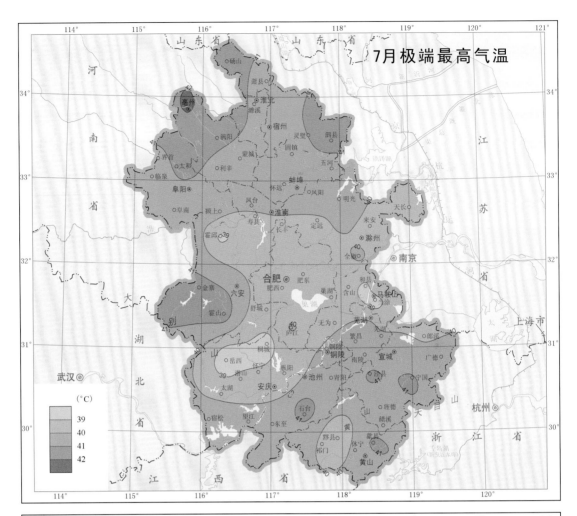

7月极端最高气温

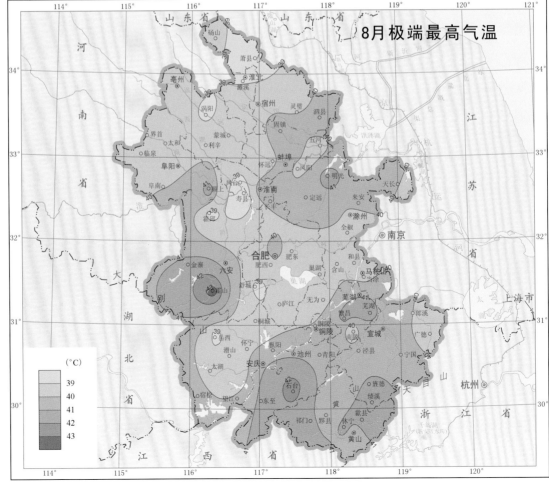

8月极端最高气温

比例尺　1：5 000 000

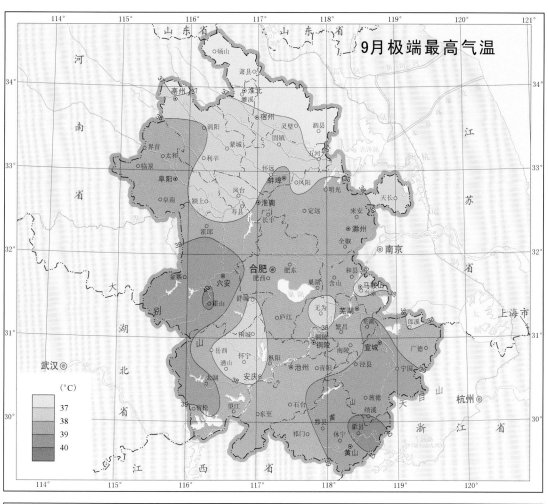

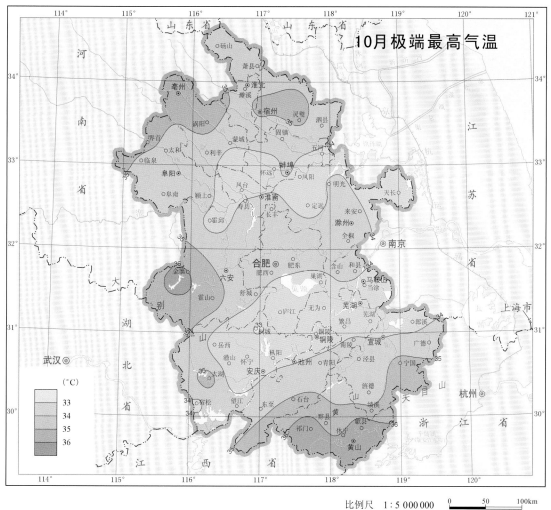

比例尺 1:5 000 000   0   50   100km

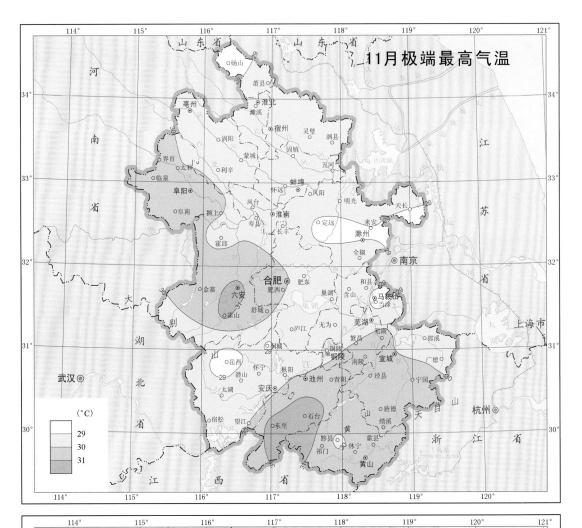

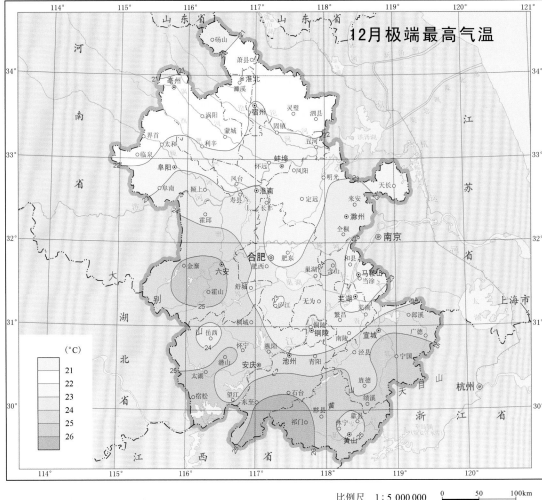

比例尺 1：5 000 000

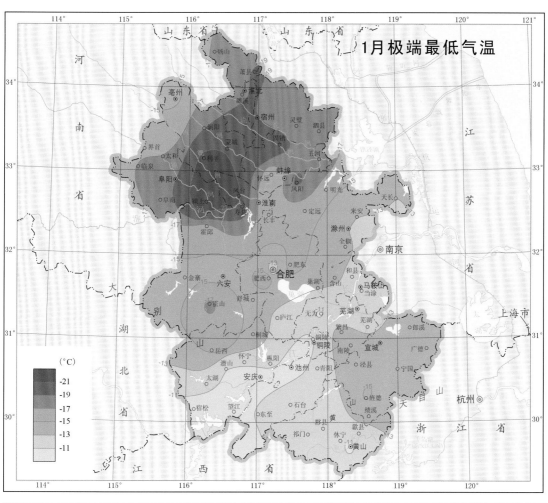

1月极端最低气温

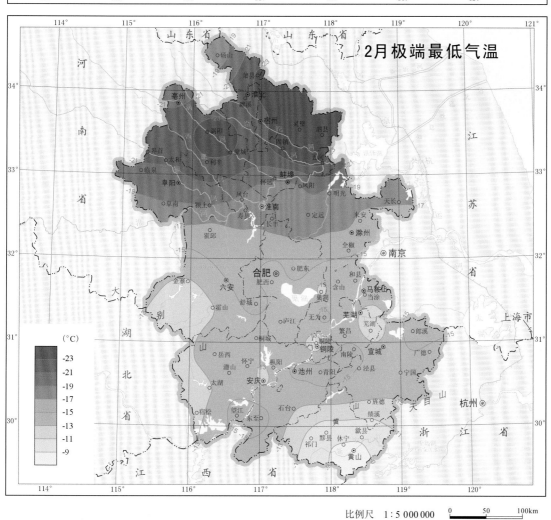

2月极端最低气温

比例尺 1:5 000 000　　0　50　100km

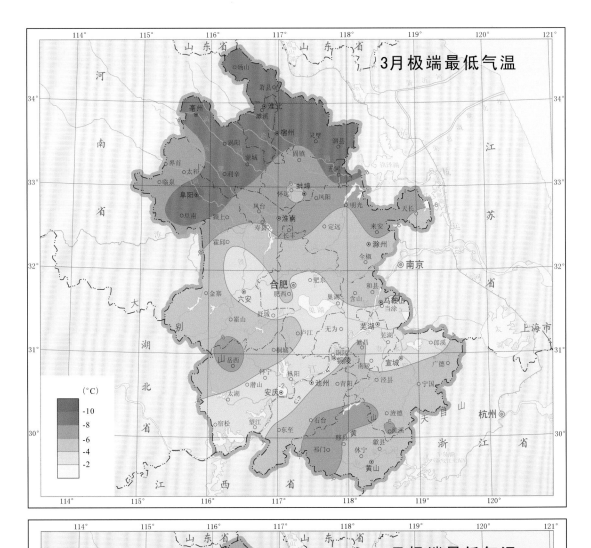

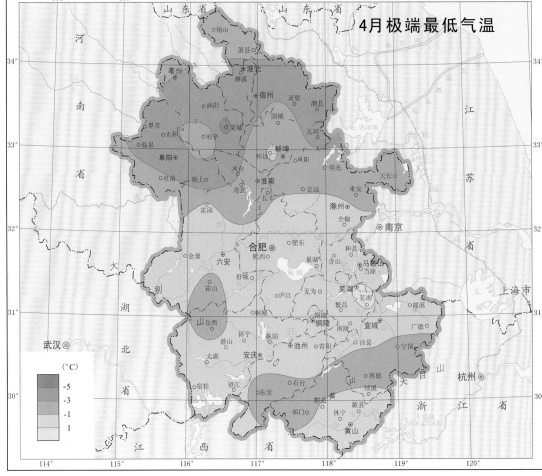

比例尺 1 : 5 000 000

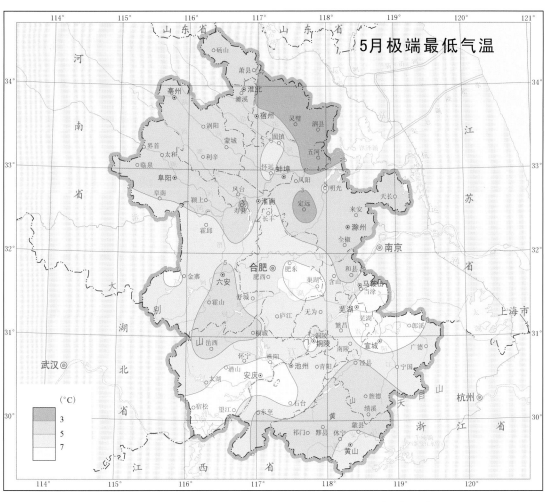

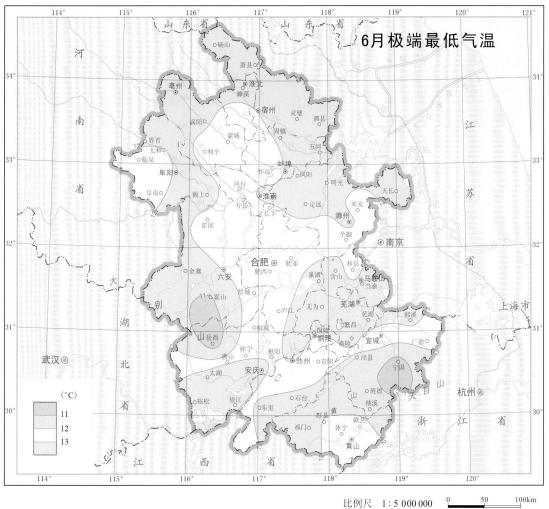

比例尺 1:5 000 000

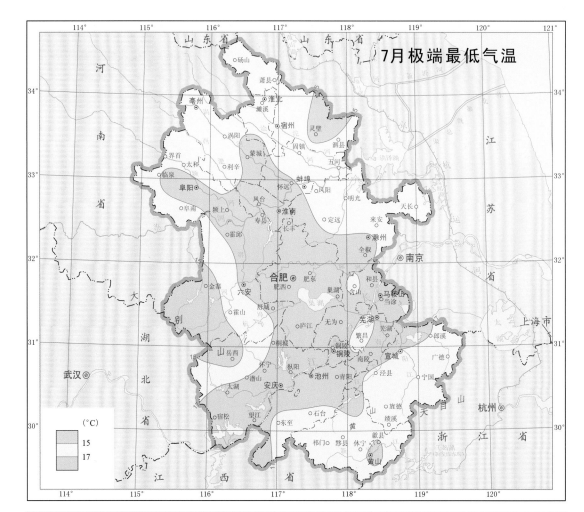

7月极端最低气温

(°C)
15
17

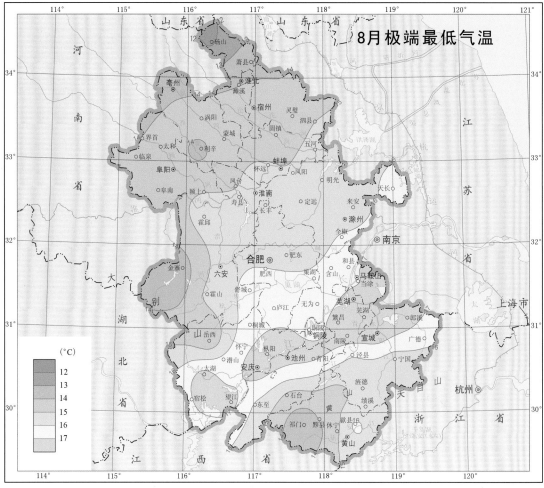

8月极端最低气温

(°C)
12
13
14
15
16
17

比例尺 1:5 000 000   0   50   100km

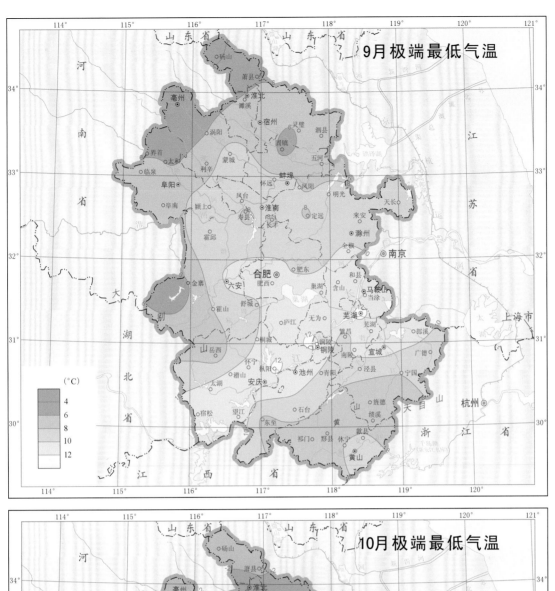

9月极端最低气温

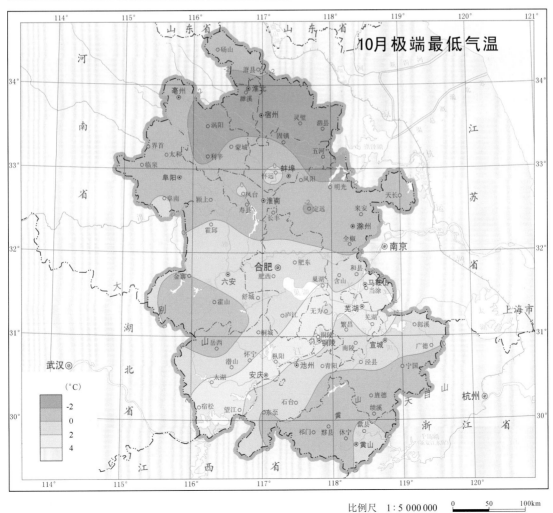

10月极端最低气温

比例尺　1:5 000 000

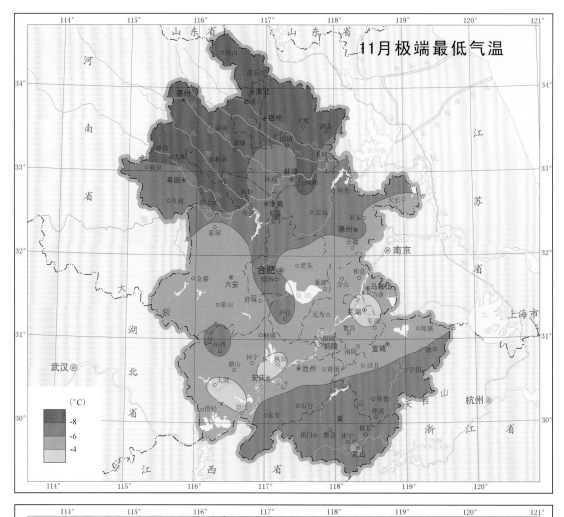

11月极端最低气温

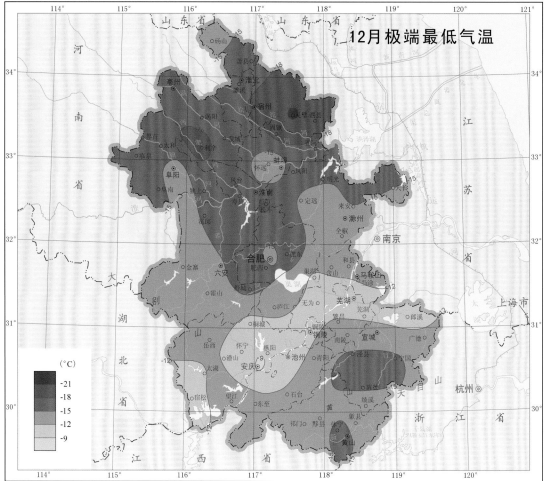

12月极端最低气温

比例尺　1:5 000 000

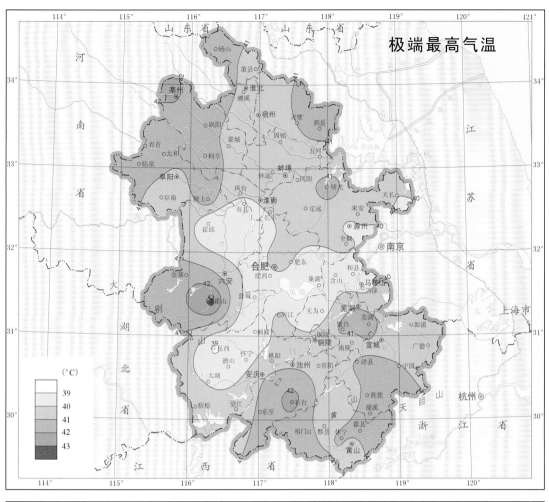

极端最高气温

(°C)
39
40
41
42
43

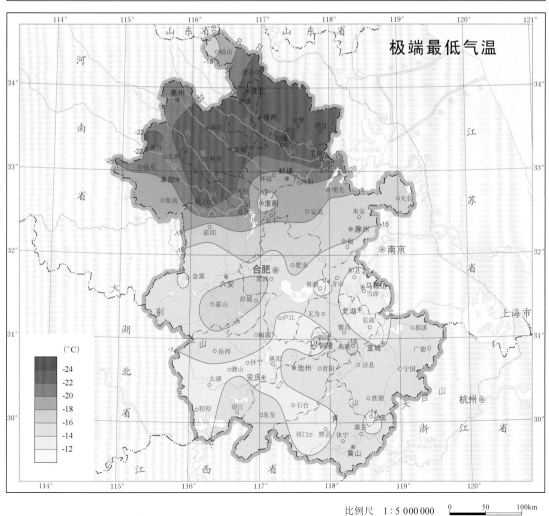

极端最低气温

(°C)
-24
-22
-20
-18
-16
-14
-12

33

比例尺 1:5 000 000   0   50   100km

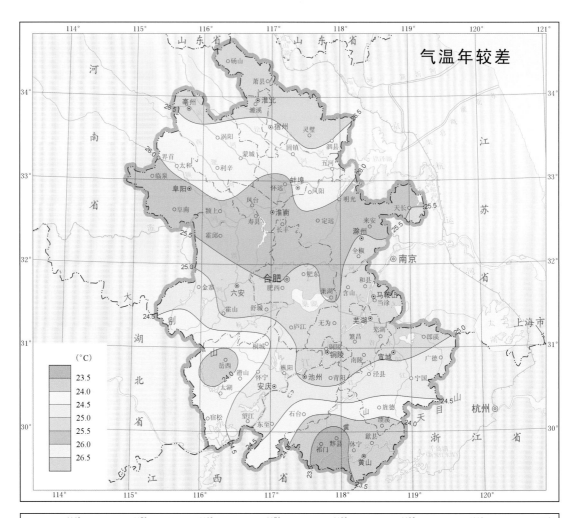

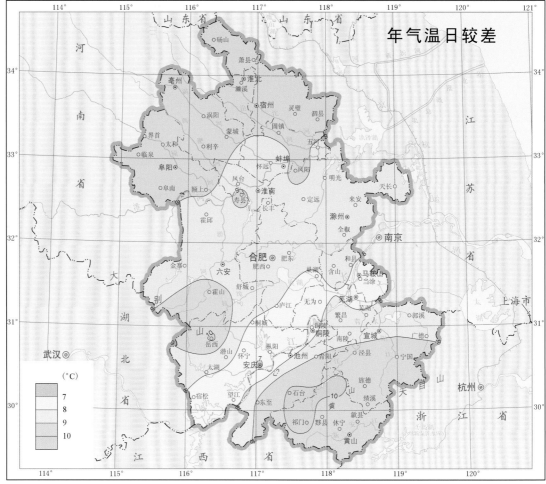

比例尺 1：5 000 000

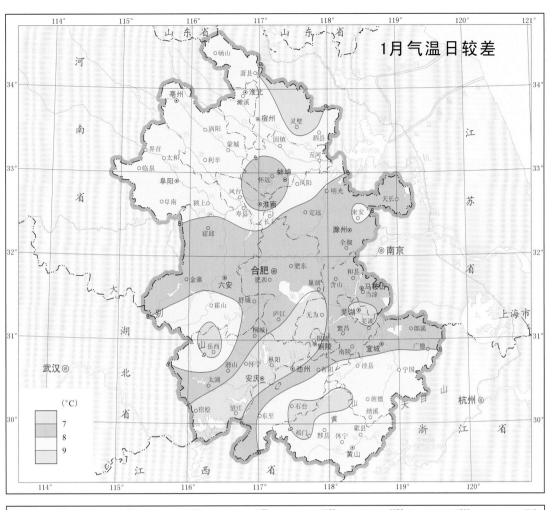

比例尺 1:5 000 000

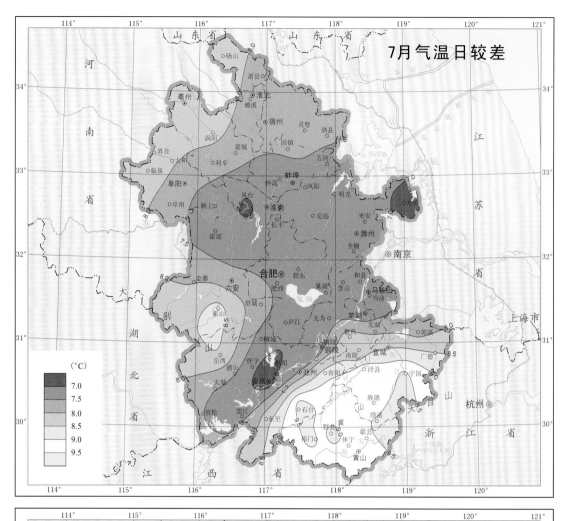

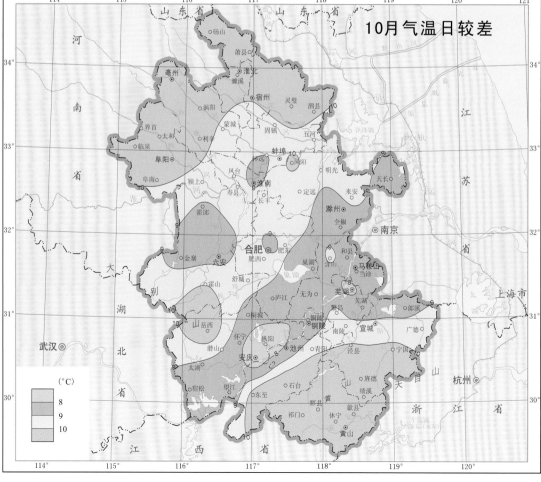

比例尺 1:5 000 000

0   50   100km

四季起始期及日数

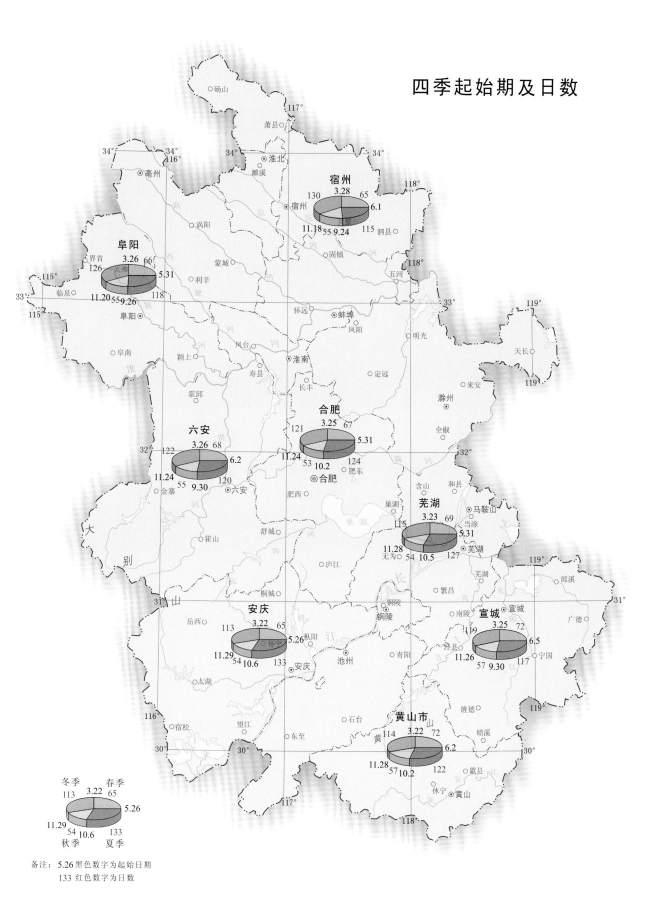

砀山

萧县

117°

淮北

34° 116° 34° 34°

濉溪 118°

亳州 宿州

宿州
130 3.28 65
6.1
11.18 55 9.24 115 泗县

涡阳

蒙城 利辛 固镇

阜阳
界首 3.26 66
126 太和 5.31
115° 临泉 118° 五河
33° 118°
11.20 55 9.26
115 阜阳 怀远 蚌埠 明光
凤阳
119°

阜南 颍上 天长

凤台 淮南 119°
寿县 定远
霍邱 长丰 来安
滁州
六安 合肥 全椒
六安 3.26 68 合肥
32° 122 121 3.25 67 32°
6.2 5.31
11.24 53 10.2 124
11.24 55 9.30 120 合肥 肥东
金寨 肥西 含山 和县

芜湖
霍山 舒城 芜湖
3.23 69 马鞍山
115 5.31 当涂
庐江 11.28 54 10.5 127 芜湖

桐城 铜陵 芜湖 119°
31° 岳西 铜陵 繁昌 南陵 宣城 郎溪 31°
安庆 枞阳 宣城
安庆 3.22 65 广德
113 5.26 泾县 119 宣城
11.29 54 10.6 133 青阳 宁国 3.25 72
太湖 安庆 池州 11.26 57 9.30 117 6.5

116° 宿松 石台 旌德 绩溪
望江 黄山市 30°
30° 东至 黄 114 3.22 72
6.2
11.28 57 10.2 122 歙县
117° 休宁 黄山

冬季 春季
113 3.22 65
5.26
11.29 54 10.6 133
秋季 夏季

比例尺 1:2 800 000

0 28 56km

备注：5.26 黑色数字为起始日期
133 红色数字为日数

37

年降水量

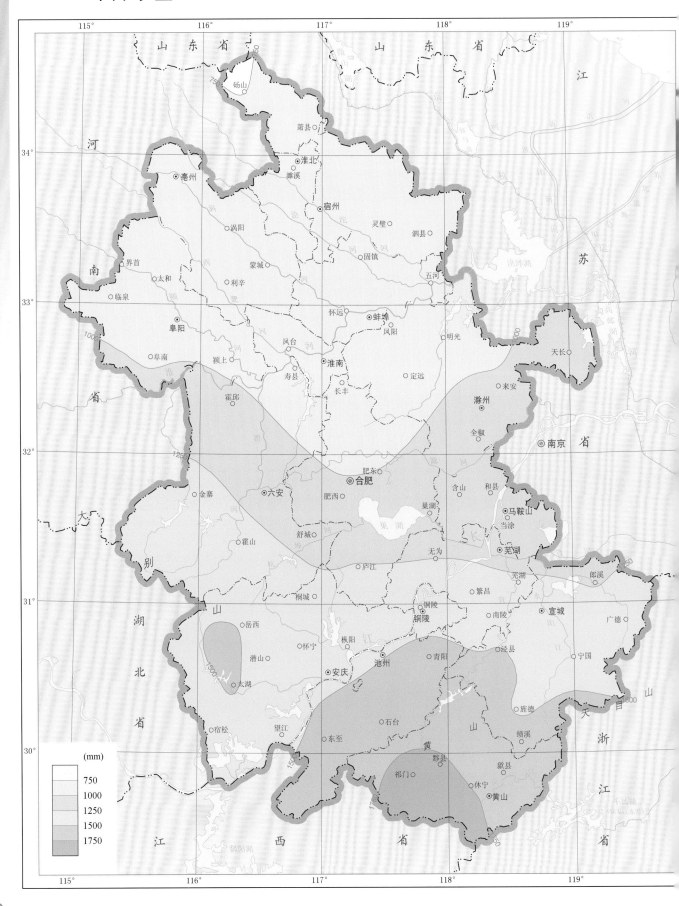

比例尺 1∶2 800 000　　0　28　56km

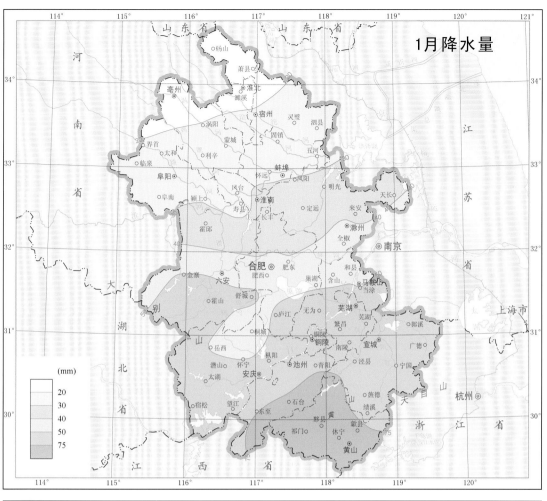

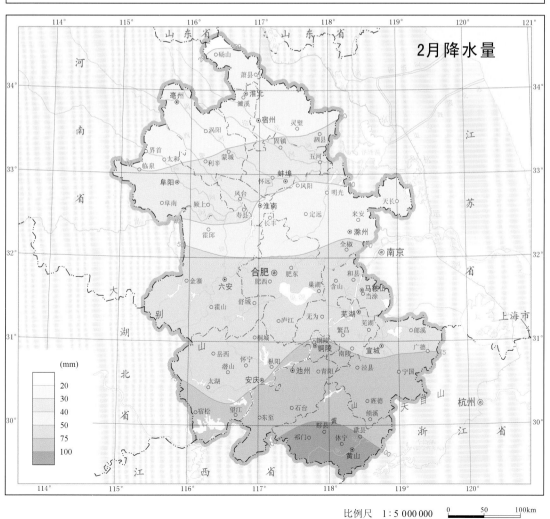

比例尺 1:5 000 000　　0　50　100km

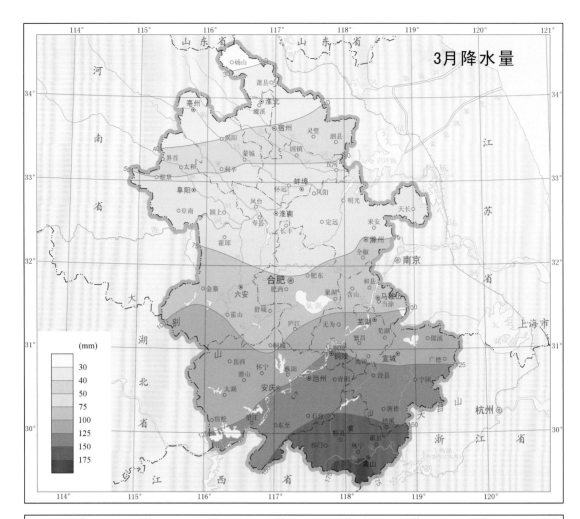

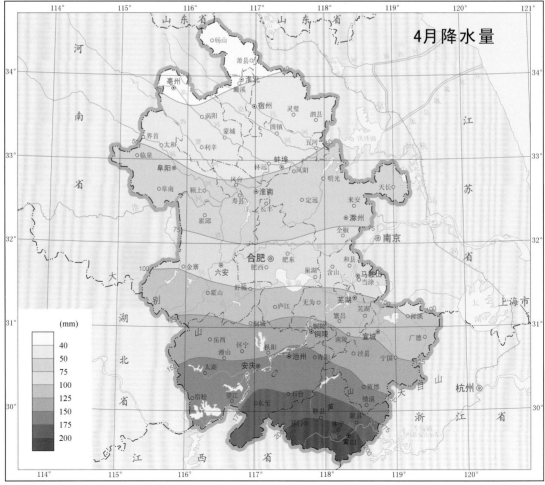

比例尺　1：5 000 000

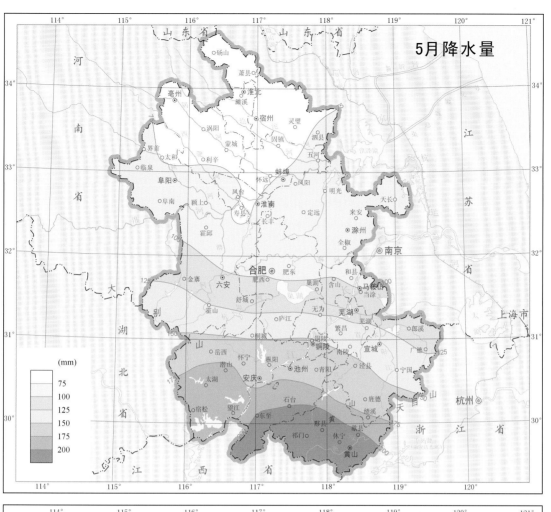

5月降水量

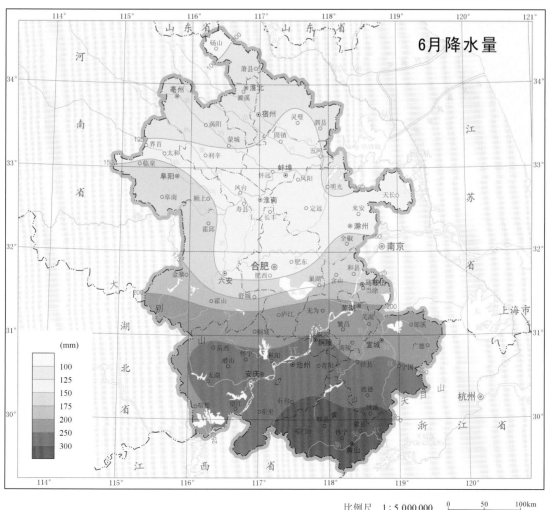

6月降水量

比例尺 1:5 000 000

0   50   100km

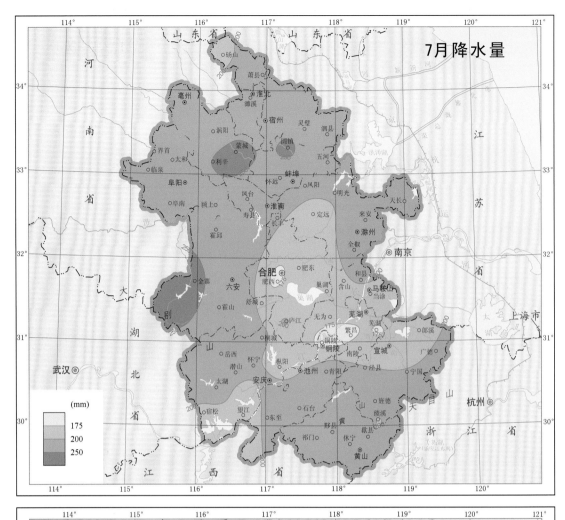

7月降水量

(mm)
175
200
250

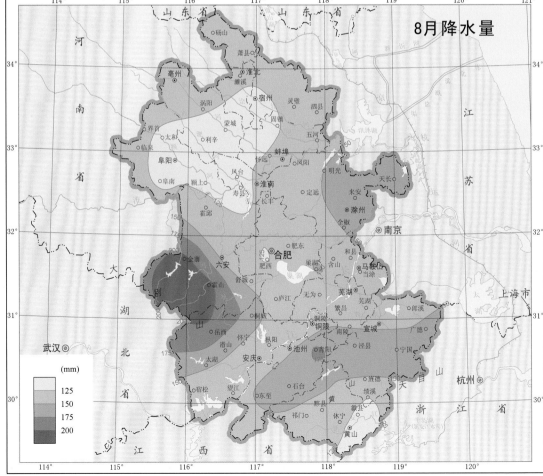

8月降水量

(mm)
125
150
175
200

比例尺　1：5 000 000　　0　50　100km

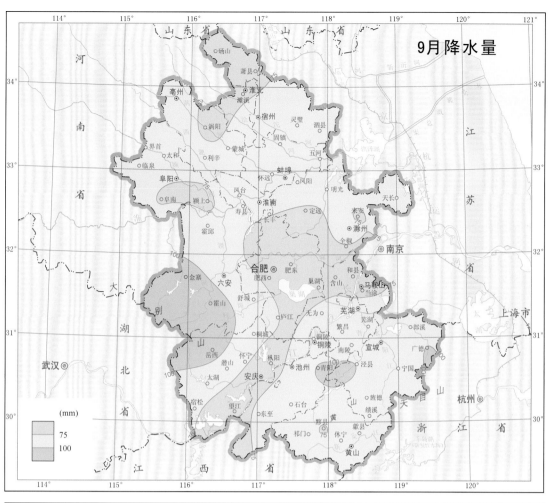

9月降水量

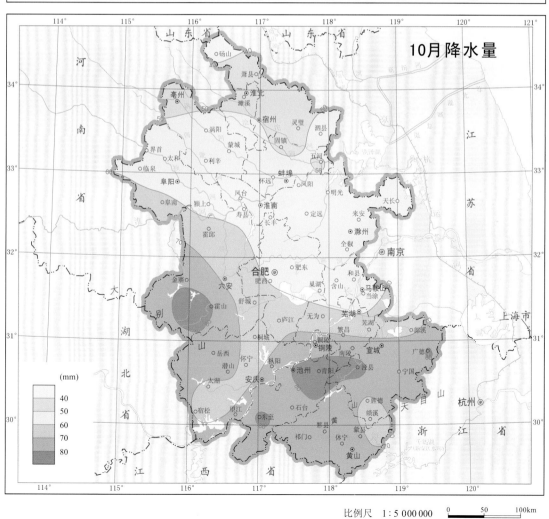

10月降水量

比例尺 1:5 000 000

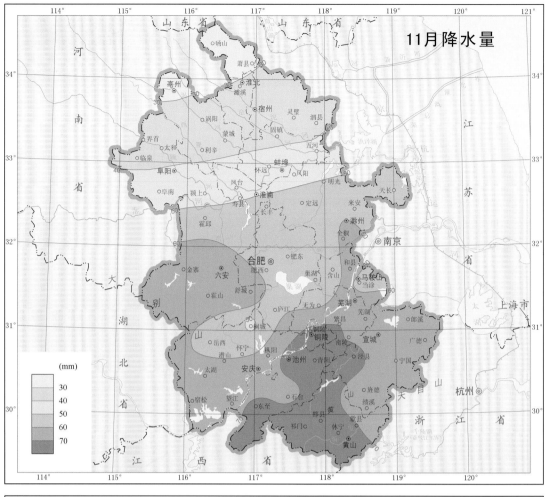

11月降水量

(mm)
30
40
50
60
70

12月降水量

(mm)
20
30
40

比例尺　1 : 5 000 000　　0　　50　　100km

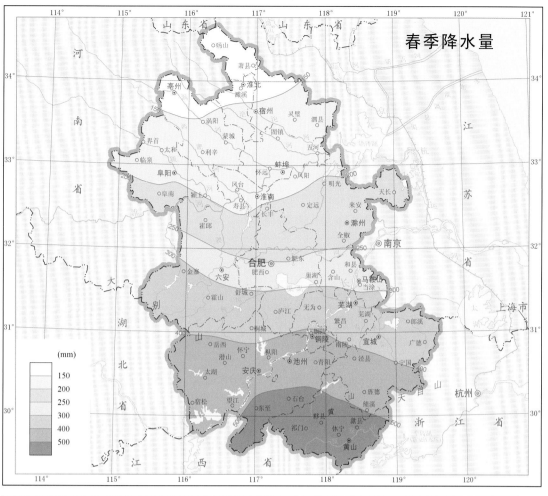

春季降水量

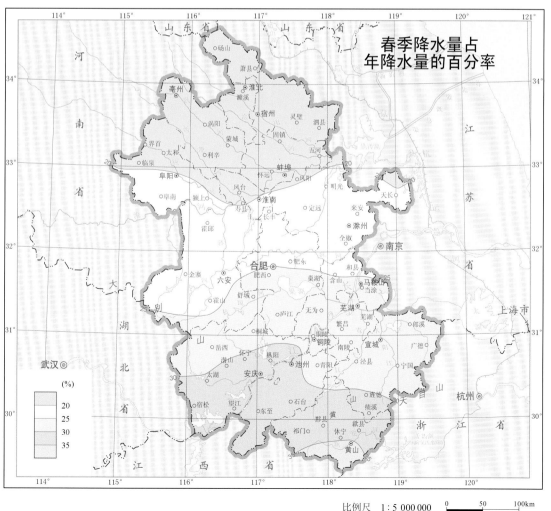

春季降水量占
年降水量的百分率

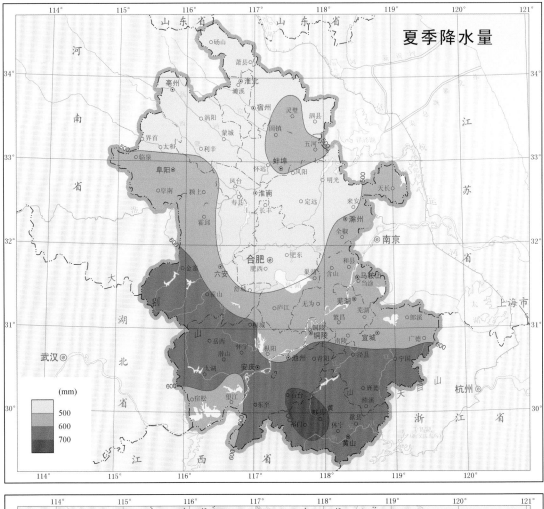

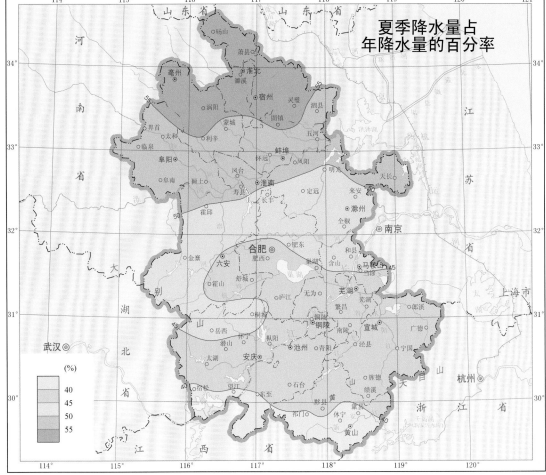

比例尺　1:5 000 000　　　0　　50　　100km

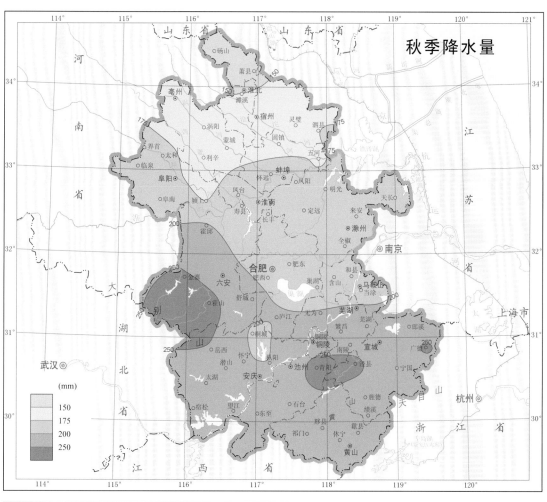

秋季降水量

秋季降水量占
年降水量的百分率

比例尺 1:5 000 000

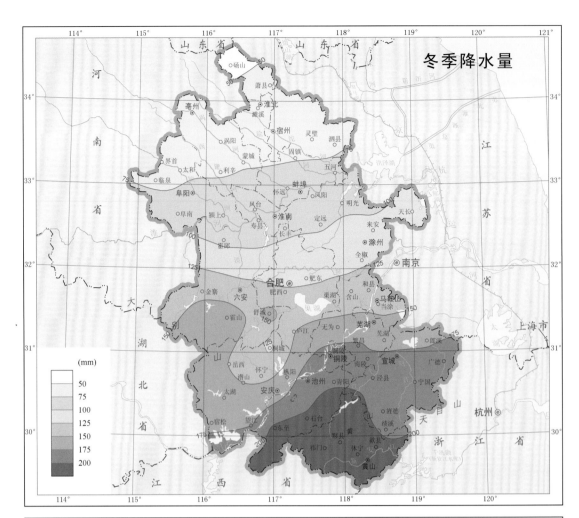

冬季降水量

冬季降水量占
年降水量的百分率

比例尺 1:5 000 000　　0　50　100km

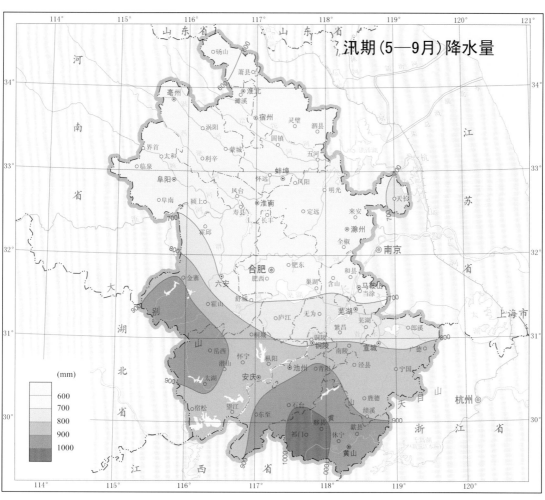

汛期(5—9月)降水量

(mm)
600
700
800
900
1000

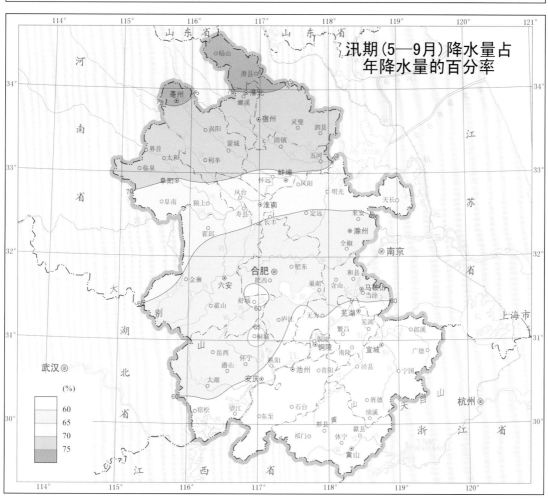

汛期(5—9月)降水量占
年降水量的百分率

(%)
60
65
70
75

比例尺 1:5 000 000   0   50   100km

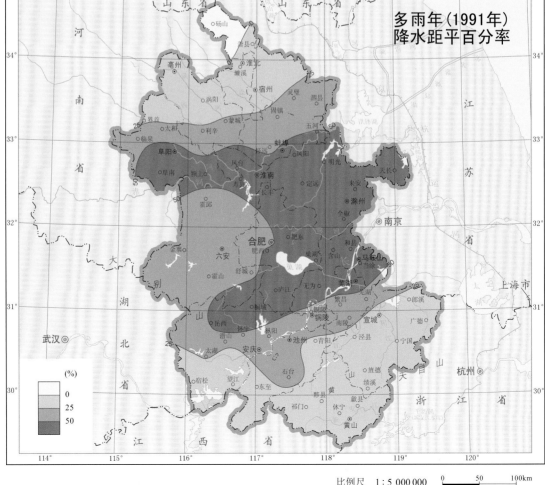

多雨年(1991年)降水量

(mm)
800
1000
1400
1800
2200

多雨年(1991年)
降水距平百分率

(%)
0
25
50

比例尺　1：5 000 000　　0　50　100km

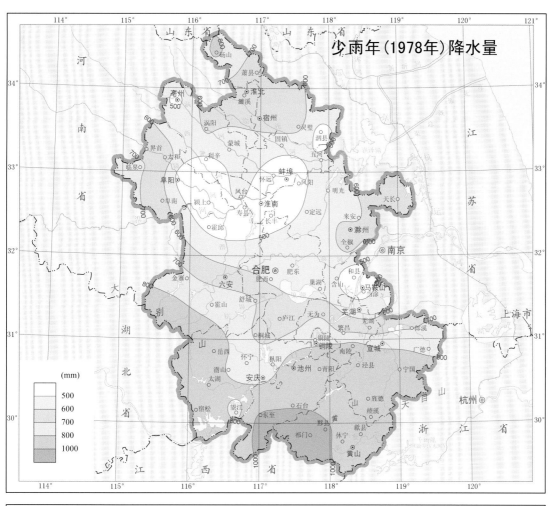

少雨年(1978年)降水量

(mm)
500
600
700
800
1000

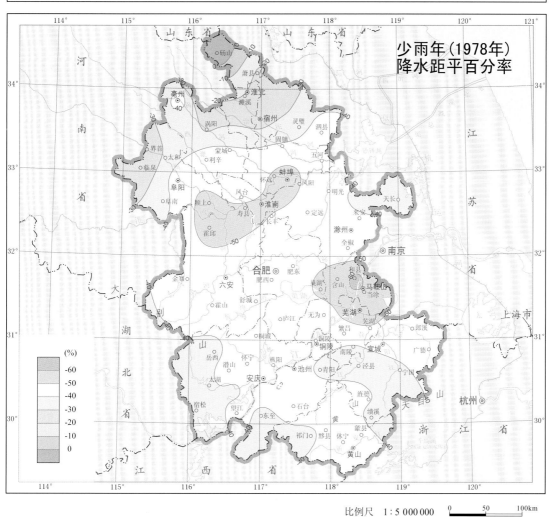

少雨年(1978年)
降水距平百分率

(%)
-60
-50
-40
-30
-20
-10
0

比例尺 1:5 000 000   0   50   100km

年降水日数

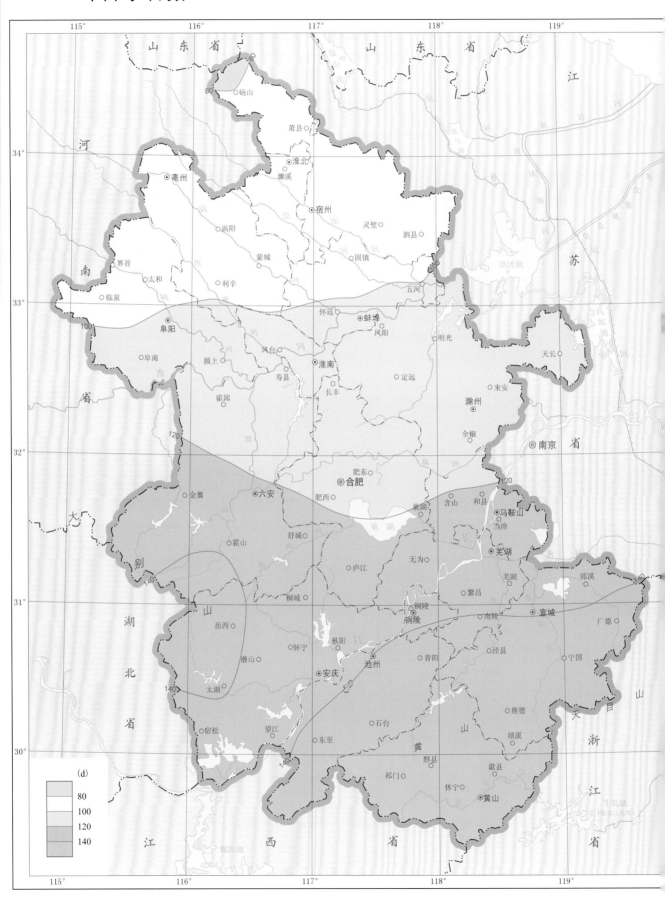

比例尺　1：2 800 000

0　　28　　56km

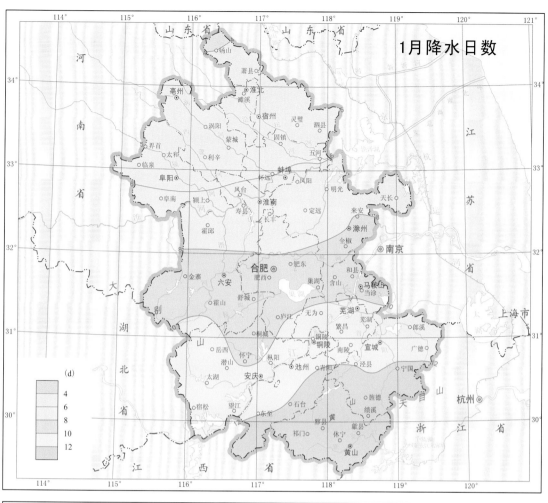

1月降水日数

2月降水日数

比例尺 1:5 000 000   0   50   100km

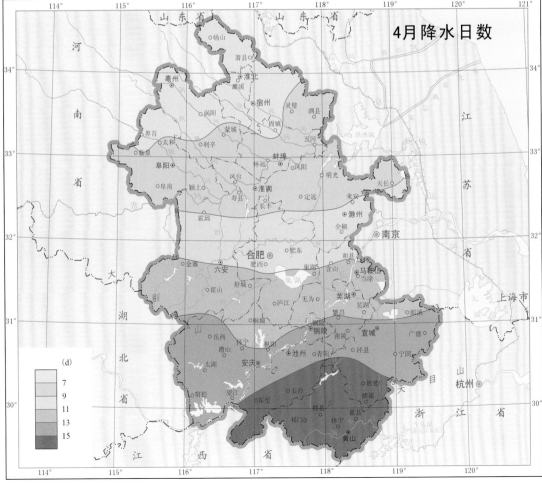

比例尺　1：5 000 000　　0　50　100km

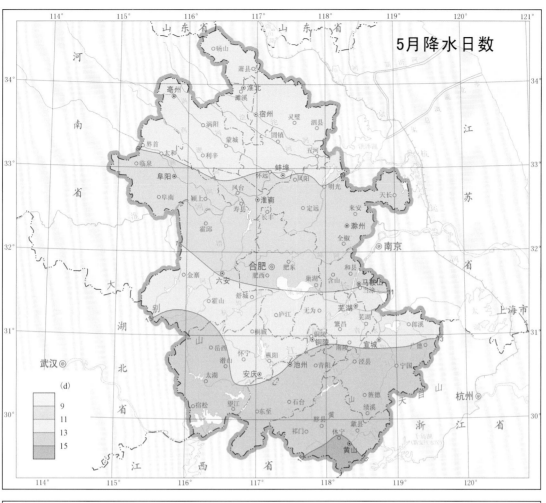

5月降水日数

6月降水日数

比例尺　1：5 000 000　　0　　50　　100km

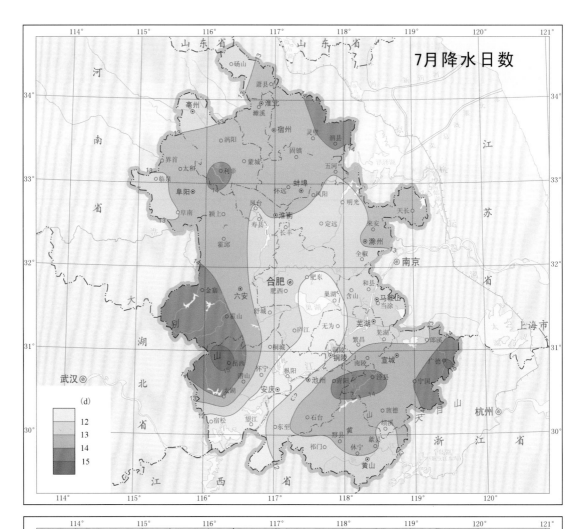

7月降水日数

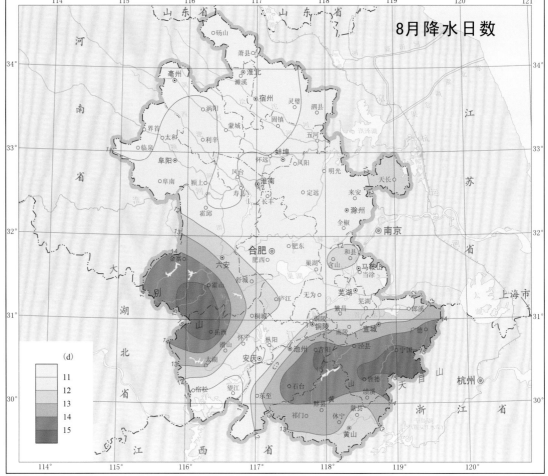

8月降水日数

比例尺　1：5 000 000

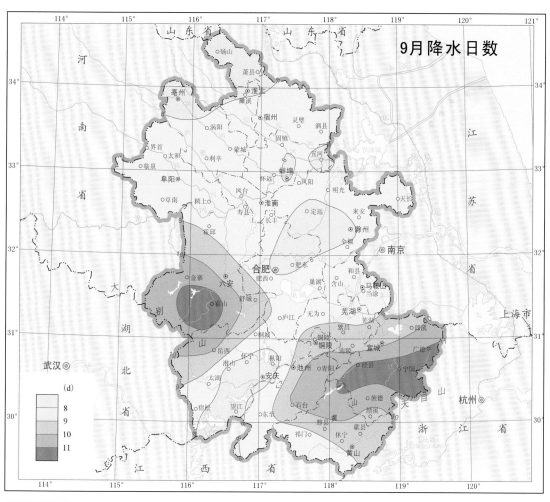

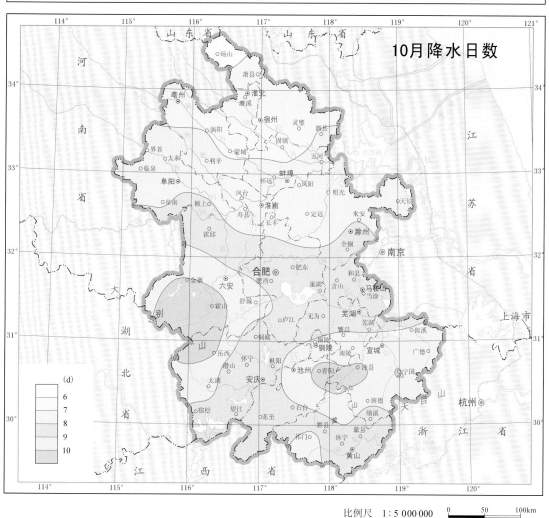

57

比例尺　1∶5 000 000

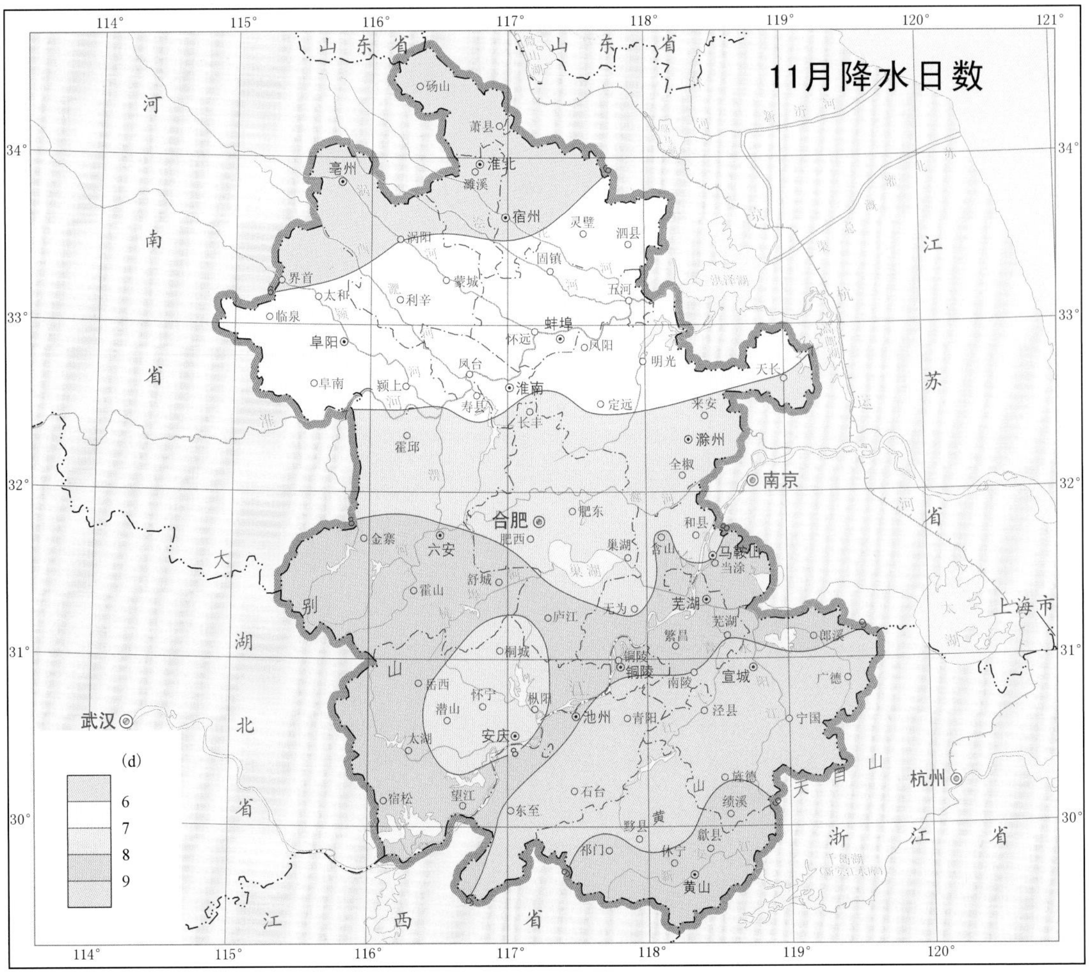

11月降水日数

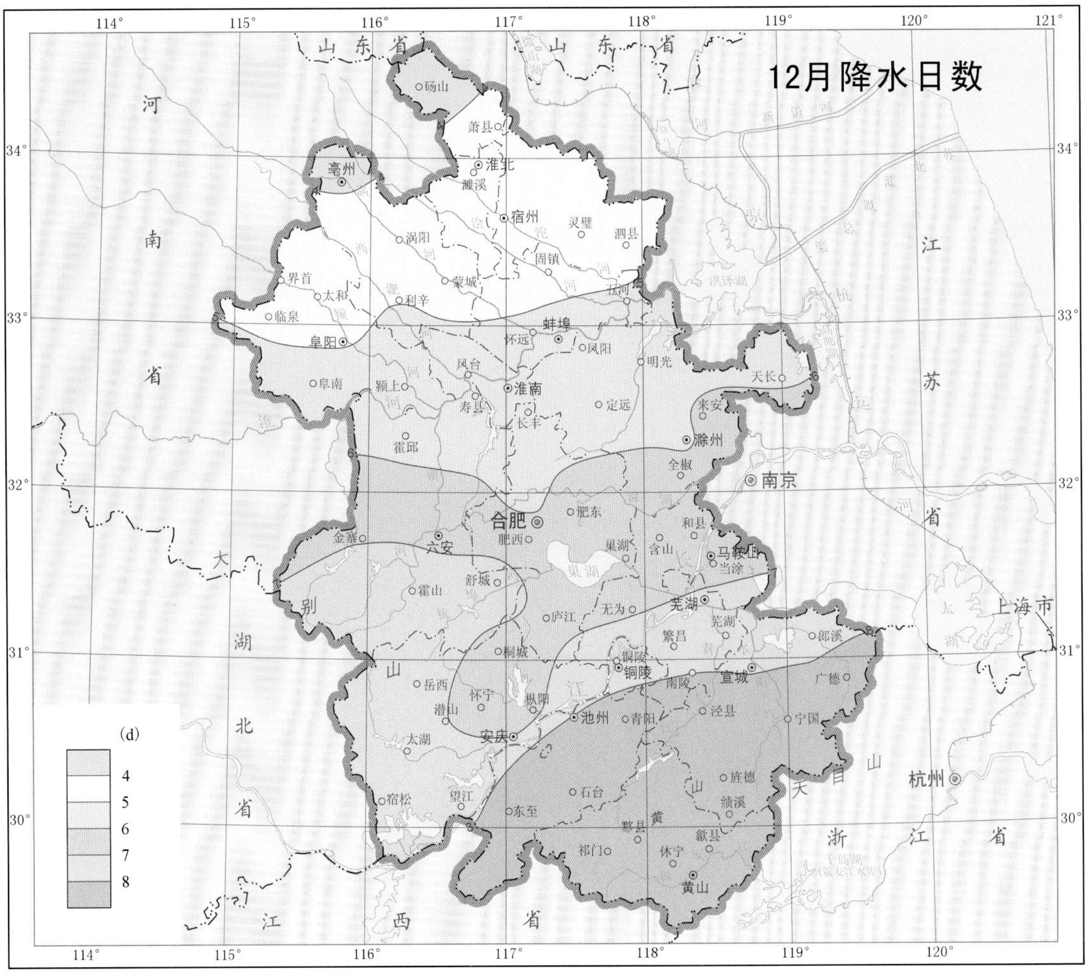

(d)
6
7
8
9

12月降水日数

(d)
4
5
6
7
8

比例尺 1:5 000 000　　0　50　100km

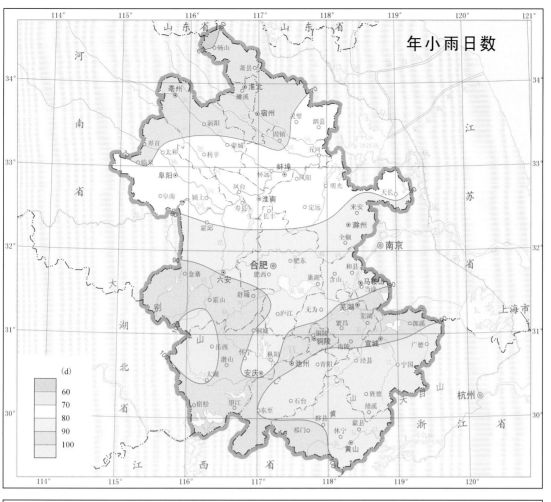

年小雨日数

(d)
60
70
80
90
100

年中雨日数

(d)
15
20
25
30

比例尺 1:5 000 000   0 50 100km

59

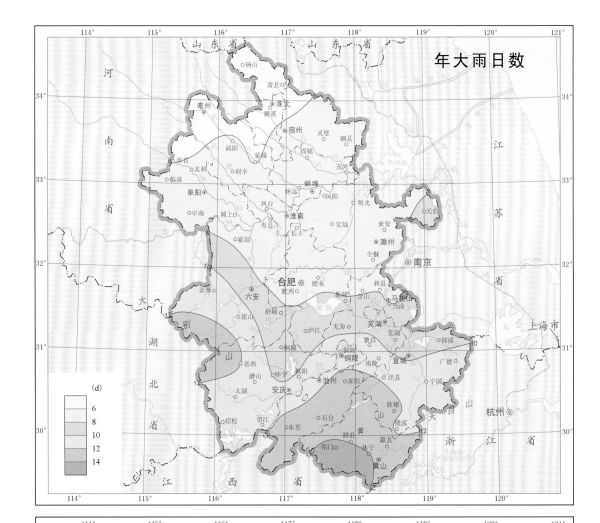

年大雨日数

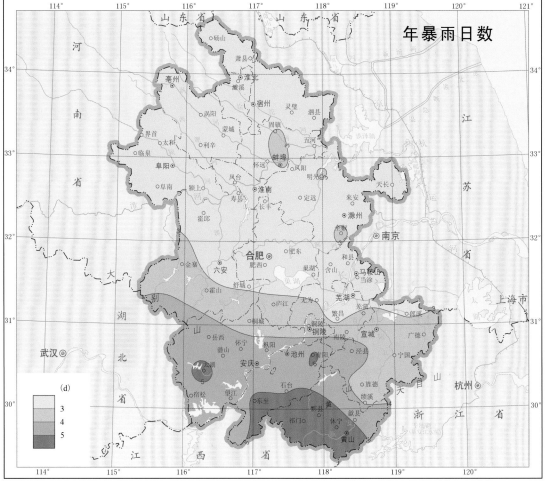

年暴雨日数

比例尺　1：5 000 000　　0　50　100km

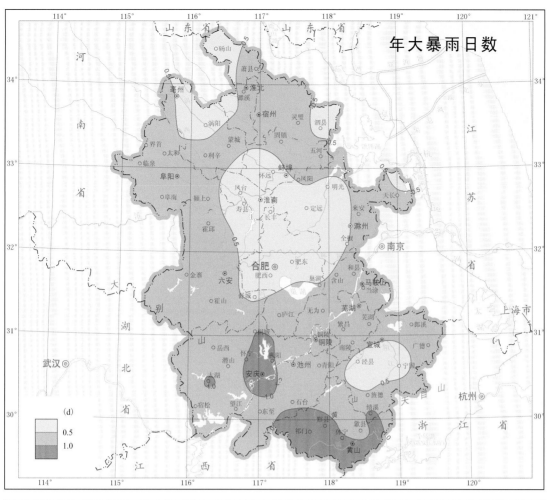

年大暴雨日数

最长连续降水日数

61

比例尺 1:5 000 000   0   50   100km

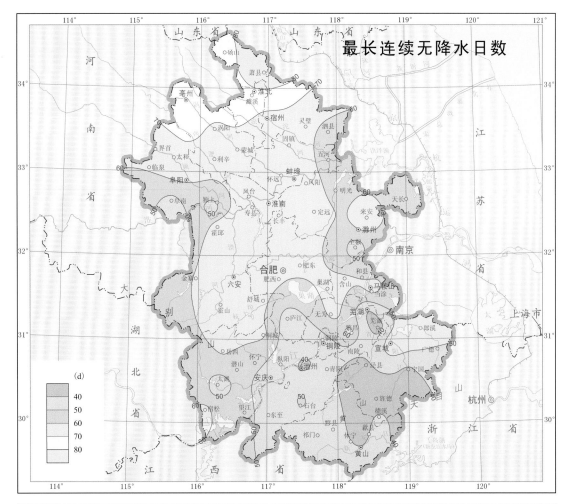

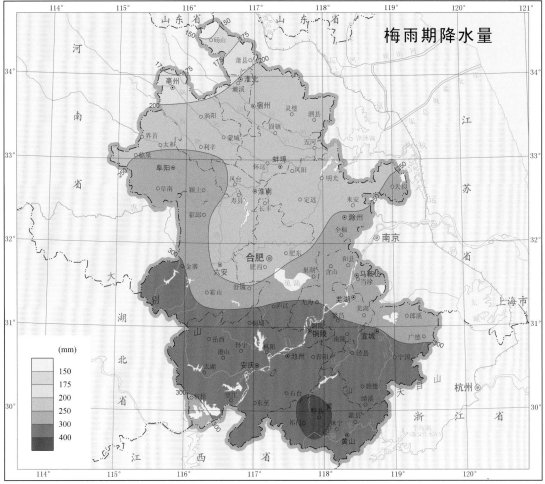

比例尺 1：5 000 000

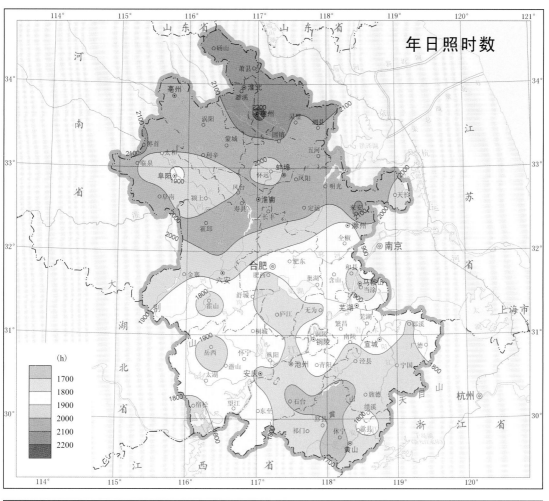

年日照时数

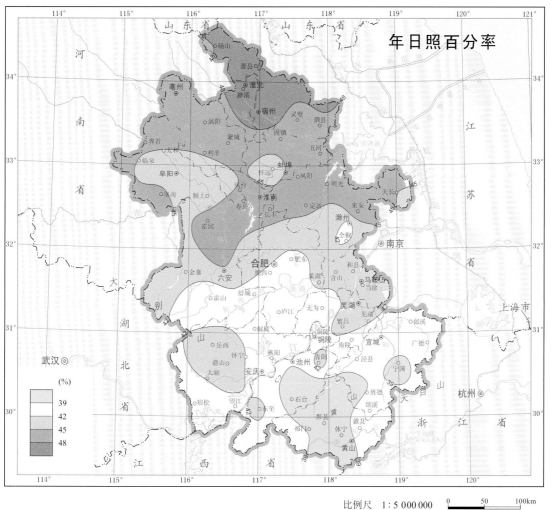

年日照百分率

比例尺　1 : 5 000 000

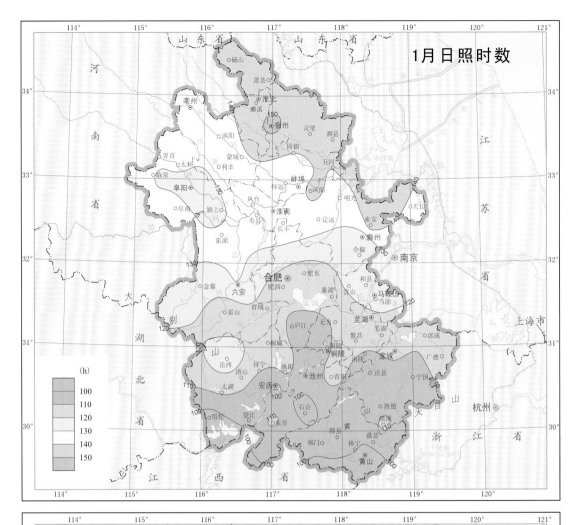

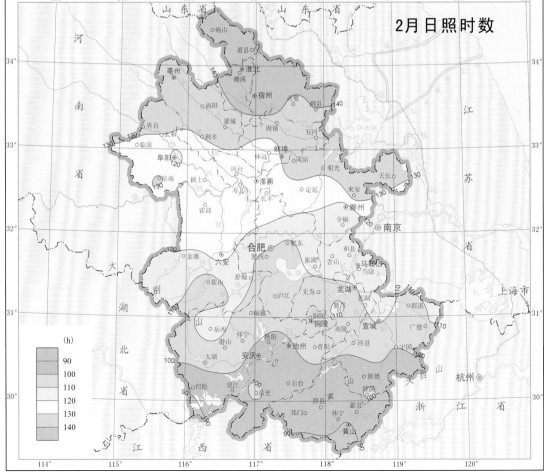

比例尺 1:5 000 000

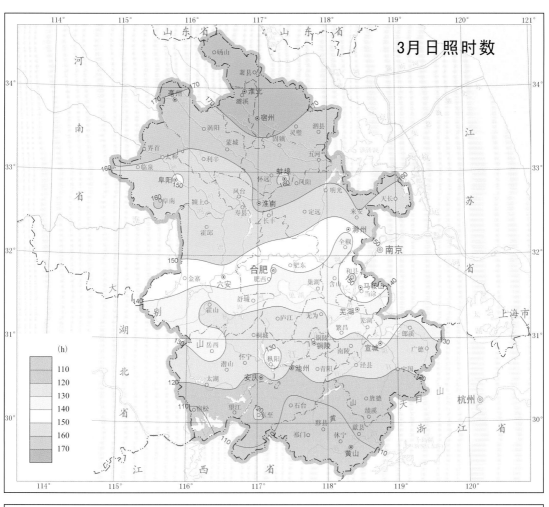

3月日照时数

(h)
110
120
130
140
150
160
170

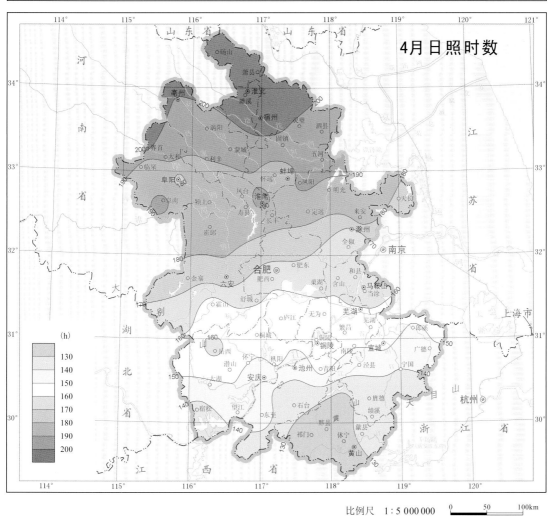

4月日照时数

(h)
130
140
150
160
170
180
190
200

比例尺　1:5 000 000　　0　50　100km

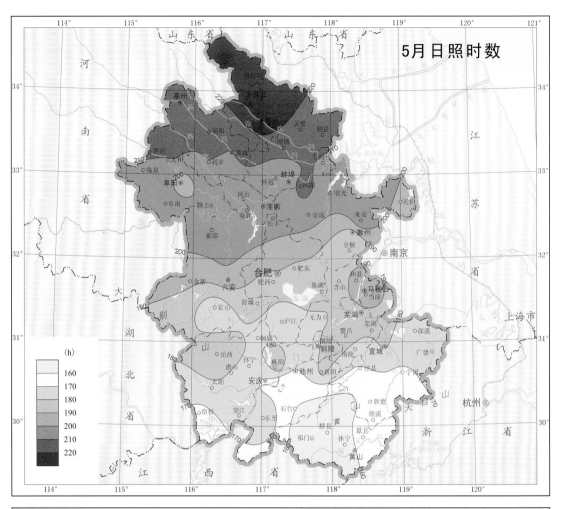

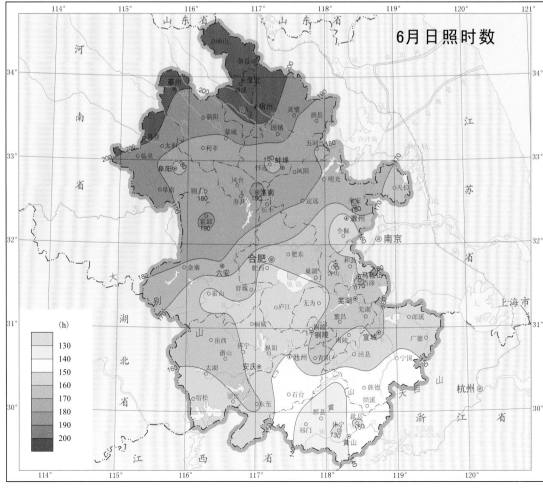

比例尺　1 : 5 000 000　0　50　100km

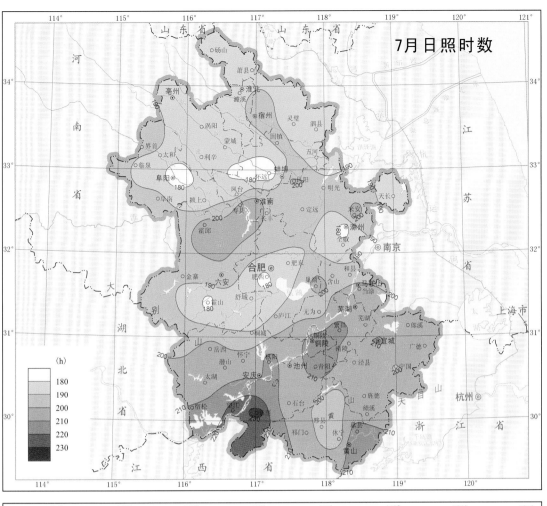

7月日照时数

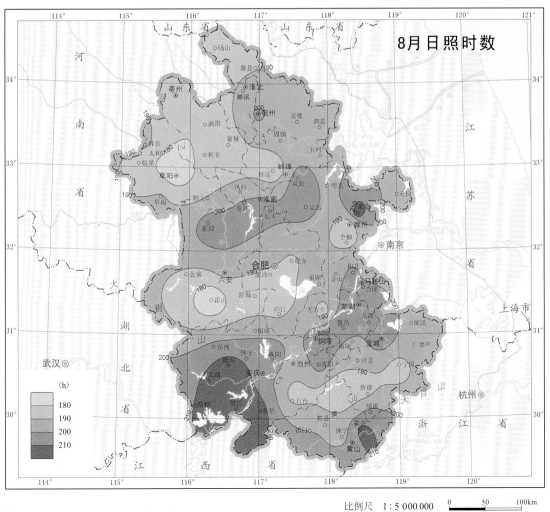

8月日照时数

比例尺　1:5 000 000　　0　50　100km

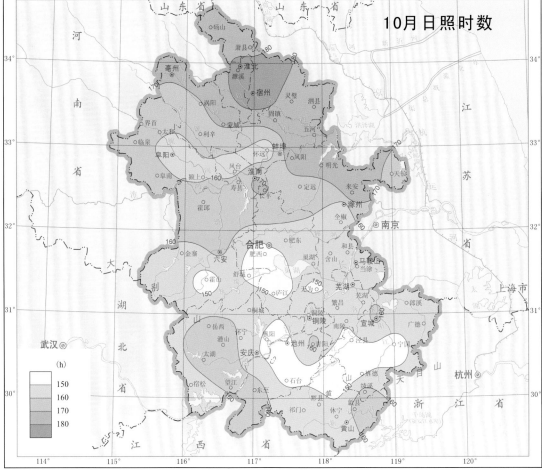

比例尺 1:5 000 000 　0　50　100km

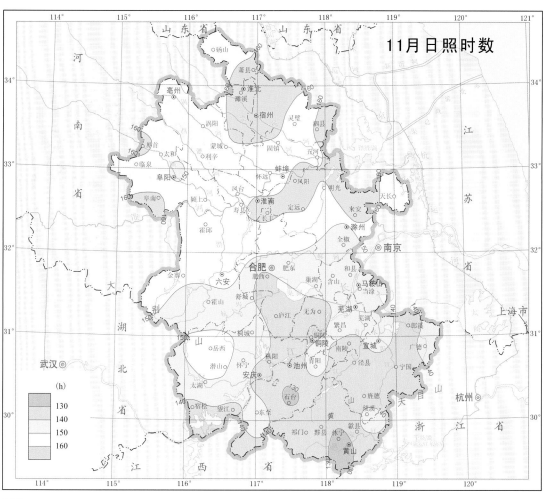

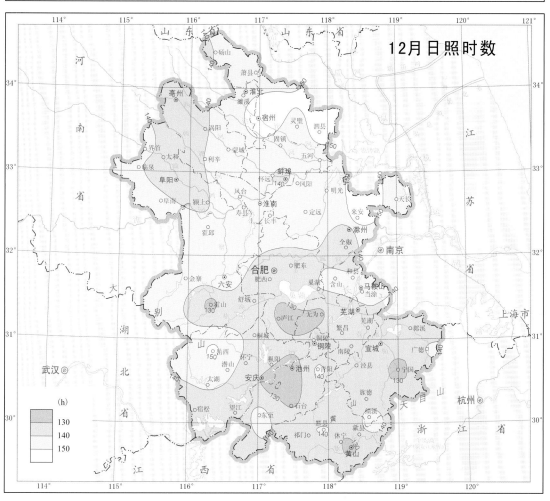

比例尺 1 : 5 000 000

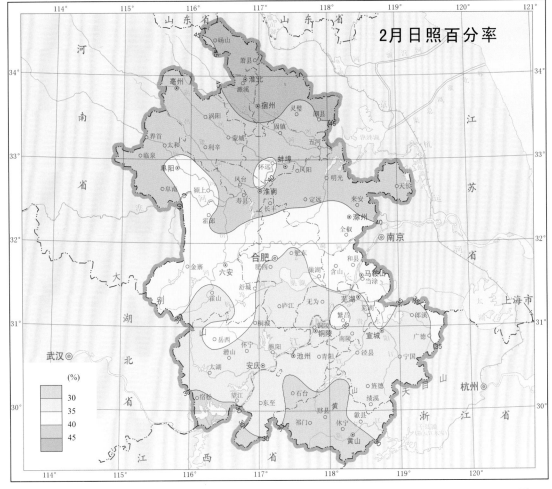

比例尺 1∶5 000 000

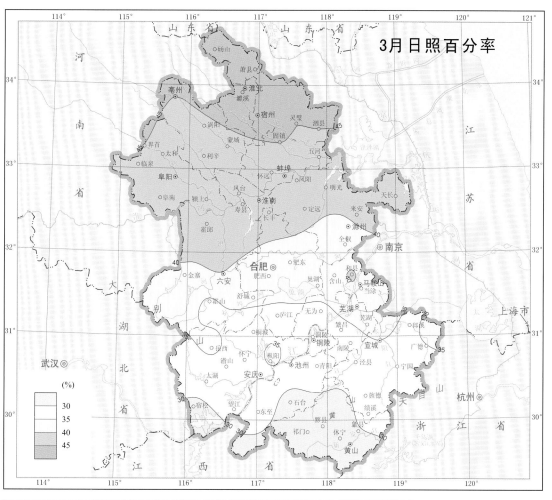

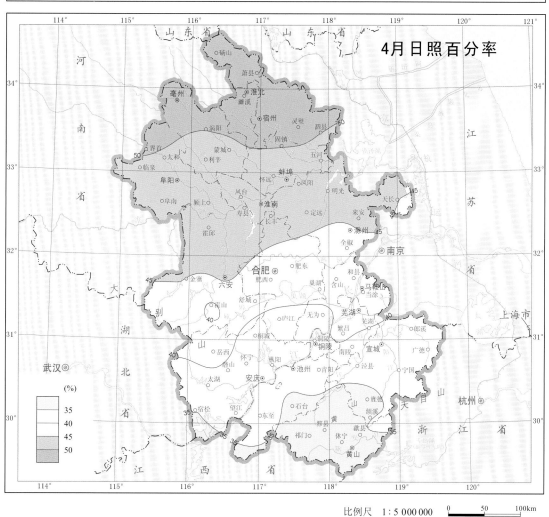

比例尺　1：5 000 000　　　0　　50　　100km

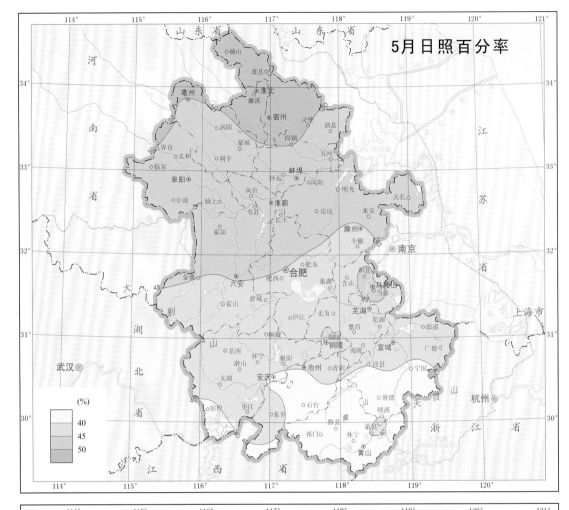

5月日照百分率

6月日照百分率

比例尺 1 : 5 000 000   0   50   100km

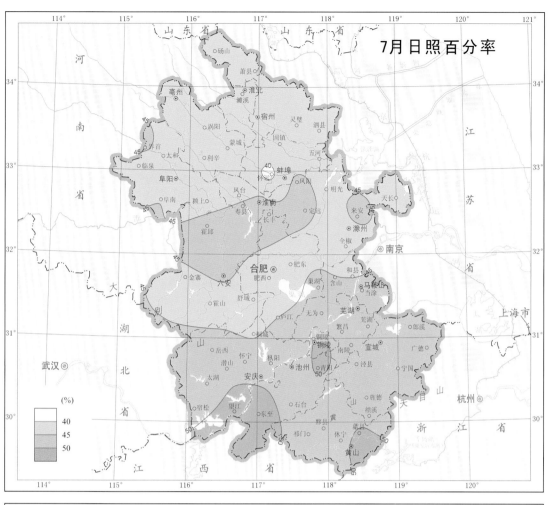

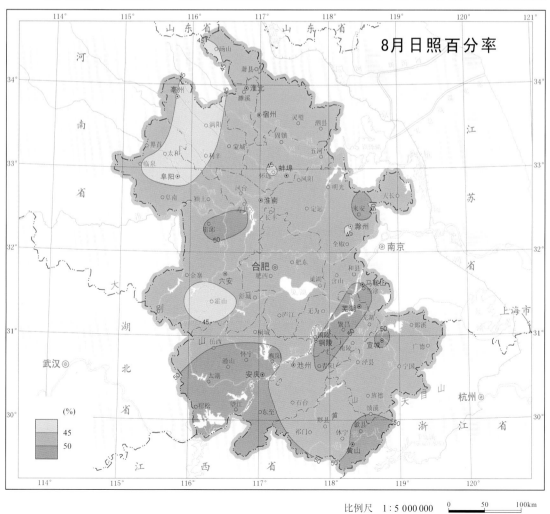

比例尺 1:5 000 000　　0　50　100km

9月日照百分率

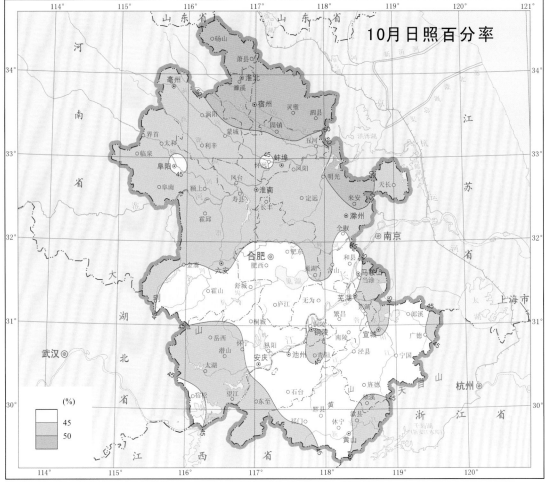

10月日照百分率

比例尺　1：5 000 000　　0　　50　　100km

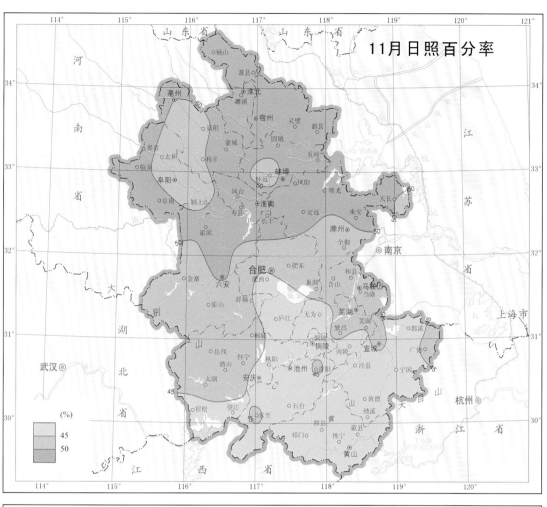

比例尺　1 : 5 000 000

年平均相对湿度

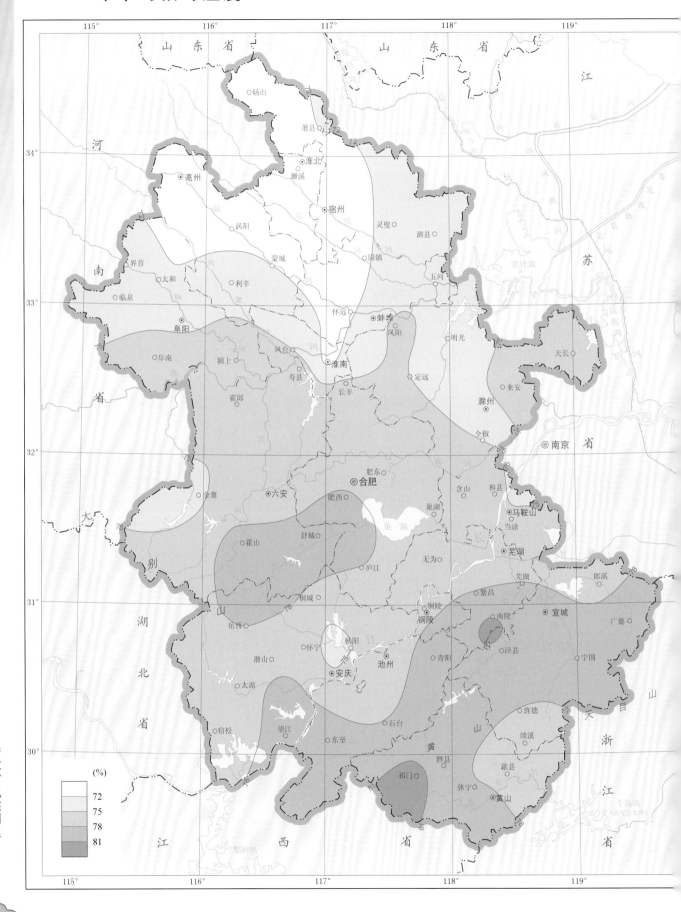

比例尺 1:2 800 000   0   28   56km

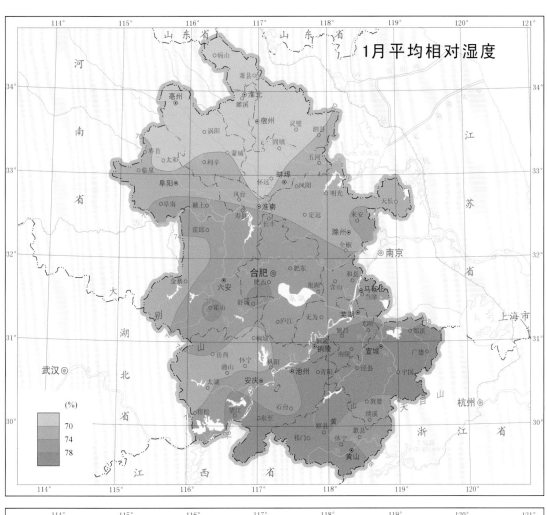

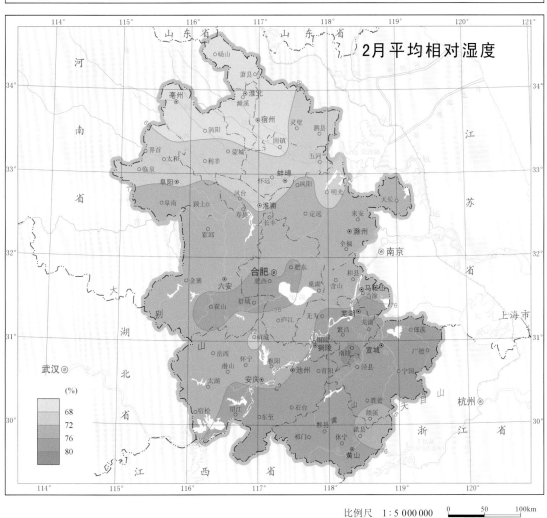

1月平均相对湿度

(%)
70
74
78

武汉◎

2月平均相对湿度

(%)
68
72
76
80

武汉◎

比例尺 1:5 000 000   0   50   100km

77

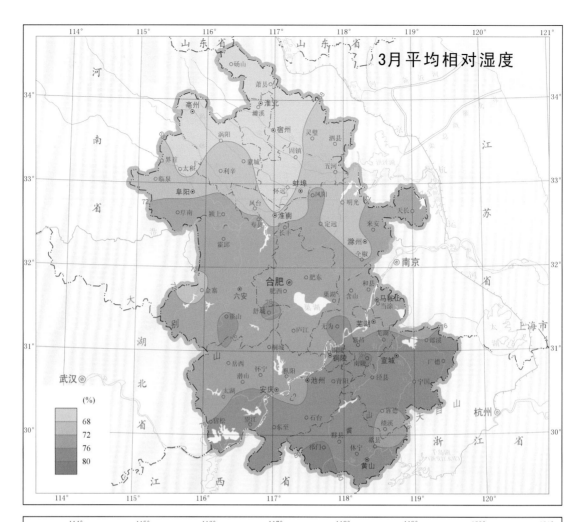

3月平均相对湿度

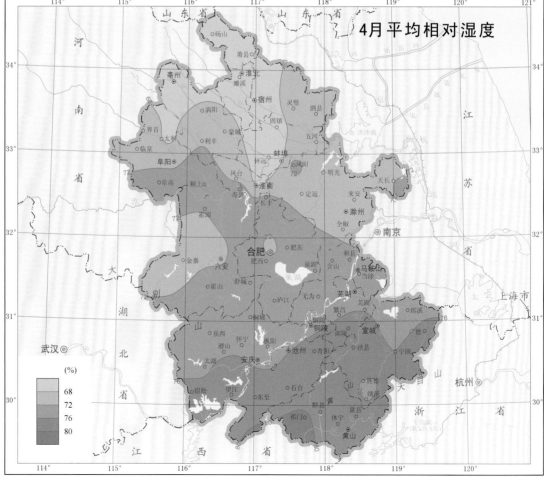

4月平均相对湿度

比例尺　1∶5 000 000

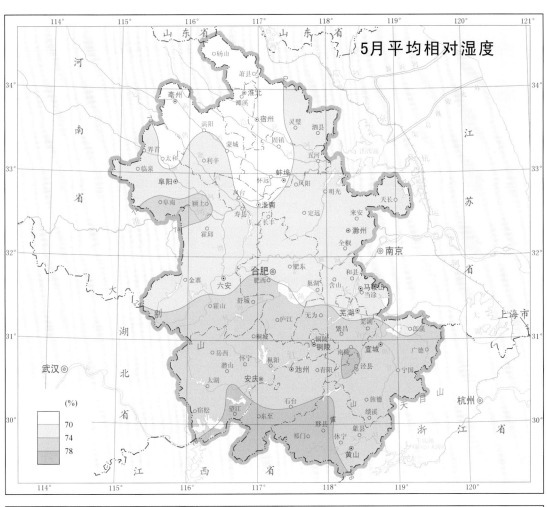

5月平均相对湿度

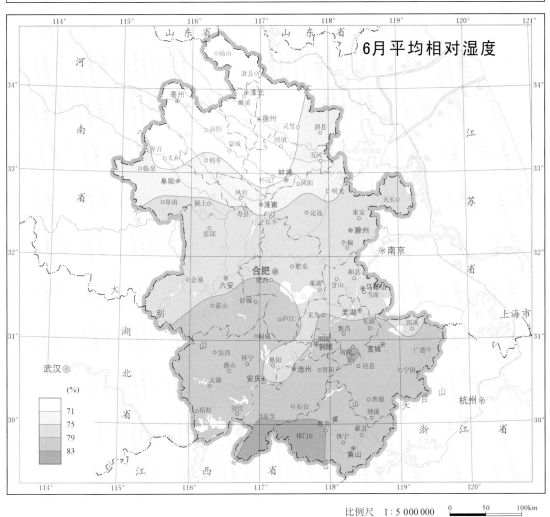

6月平均相对湿度

79

比例尺 1:5 000 000

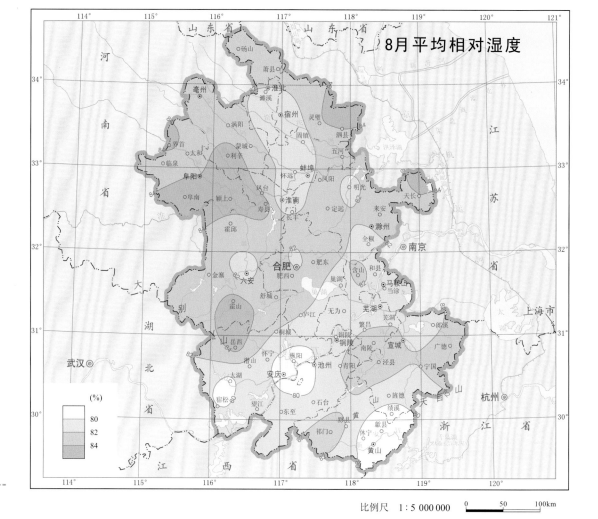

比例尺 1：5 000 000

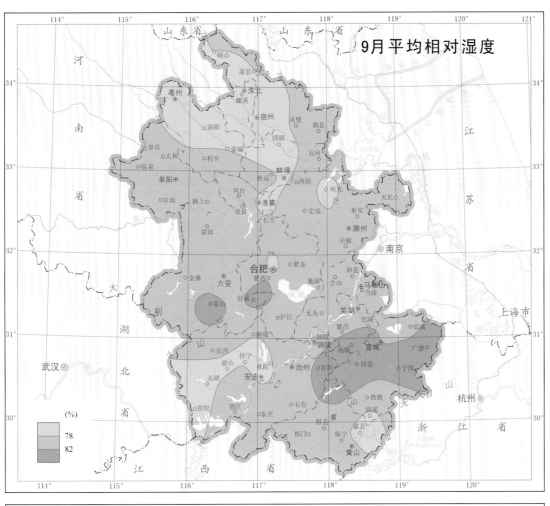

9月平均相对湿度

(%)
78
82

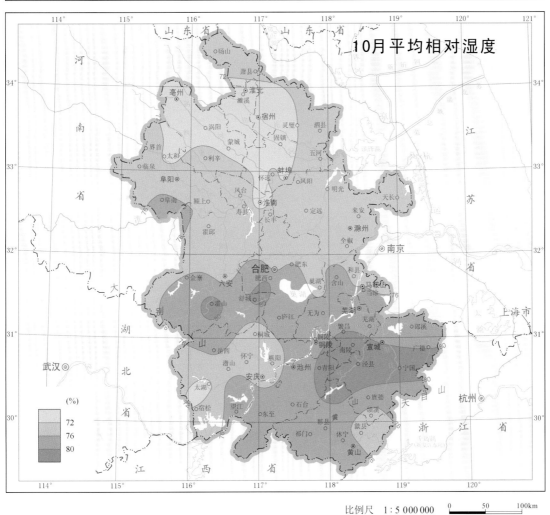

10月平均相对湿度

(%)
72
76
80

比例尺 1：5 000 000   0 50 100km

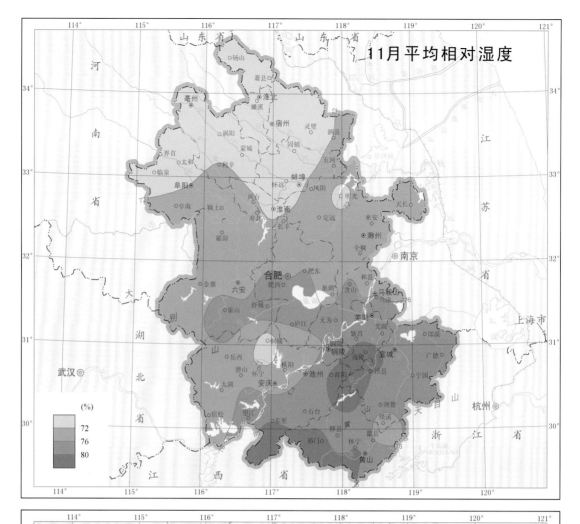

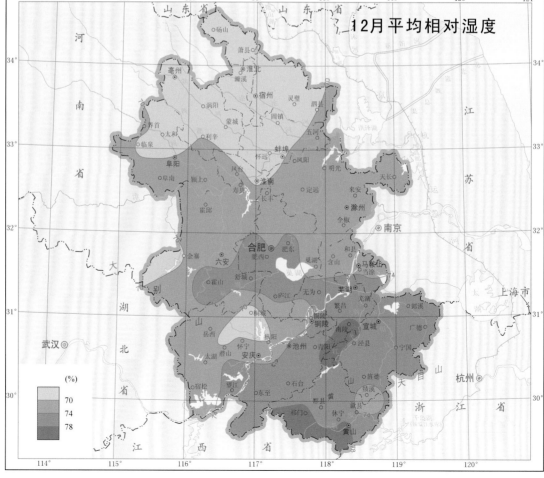

比例尺 1 : 5 000 000

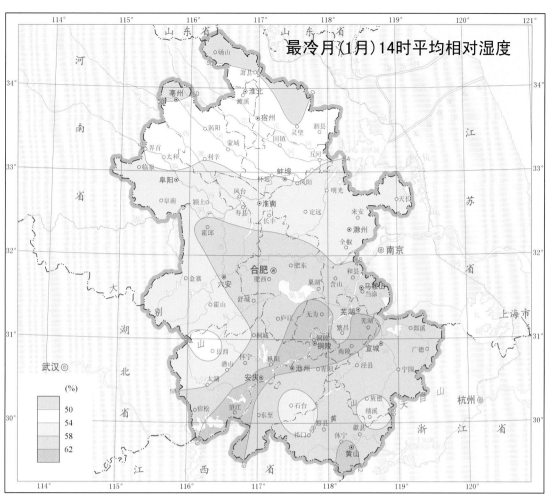

最冷月（1月）14时平均相对湿度

(%)
50
54
58
62

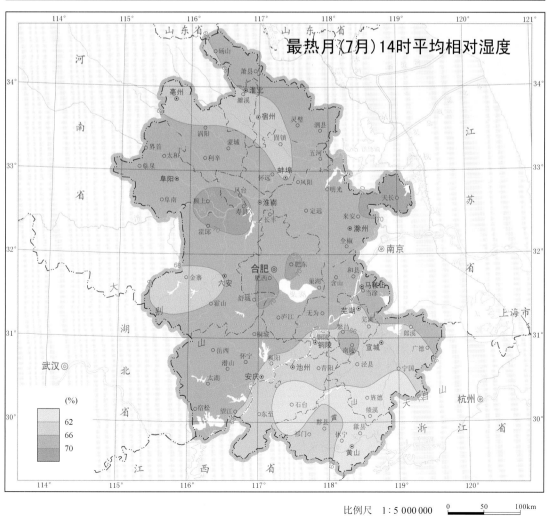

最热月（7月）14时平均相对湿度

(%)
62
66
70

比例尺 1:5 000 000   0   50   100km

年平均风速

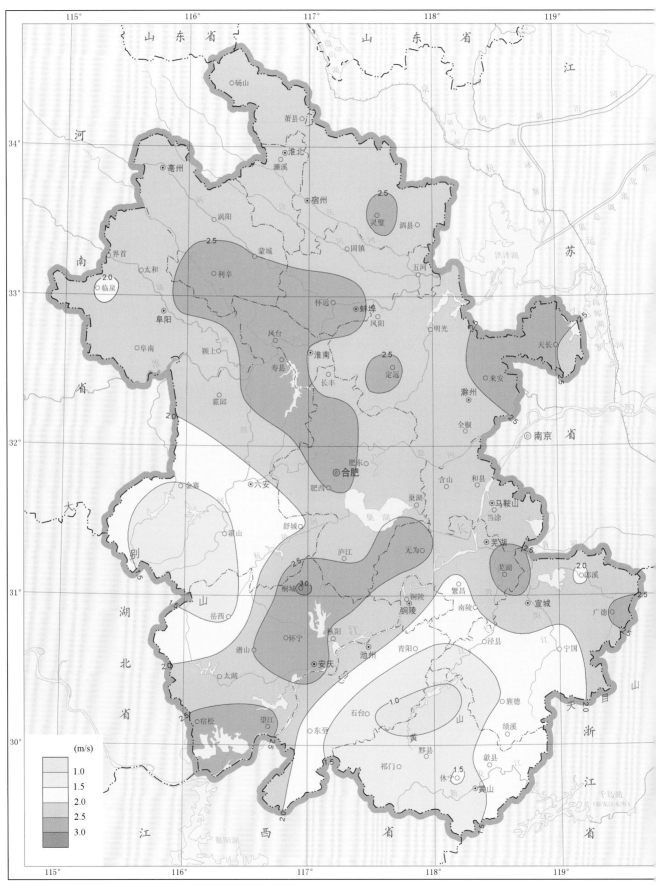

比例尺 1：2 800 000

0   28   56km

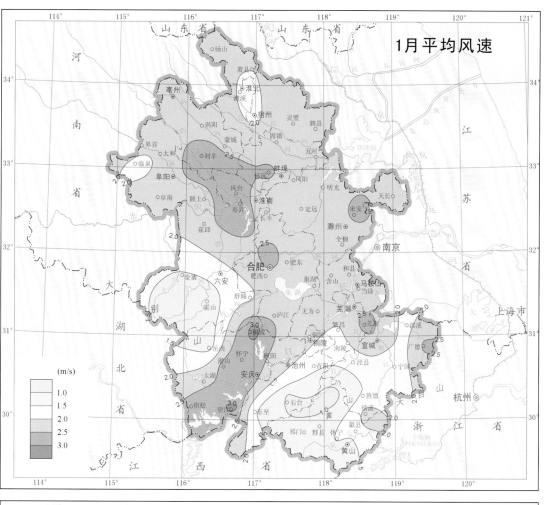

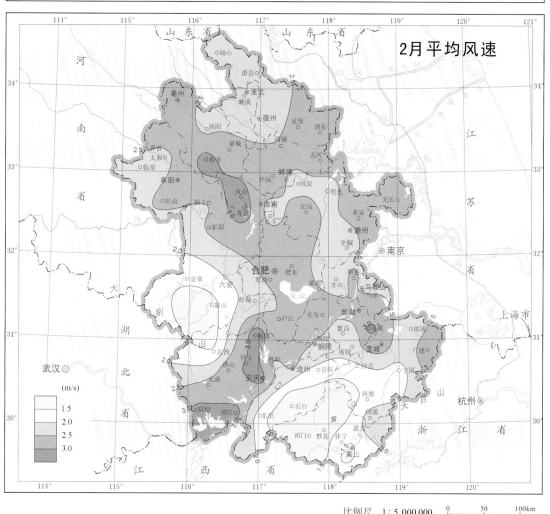

比例尺　1:5 000 000　　0　50　100km

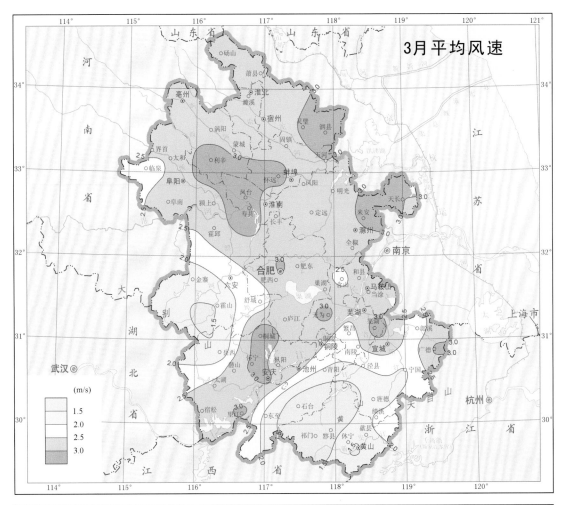

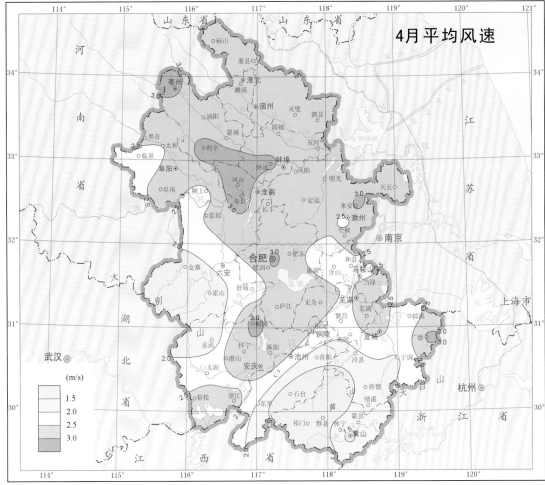

比例尺　1 : 5 000 000　　0　　50　　100km

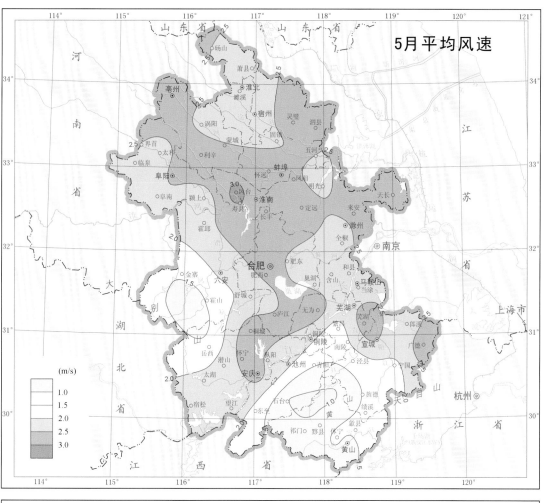

比例尺 1:5 000 000   0   50   100km

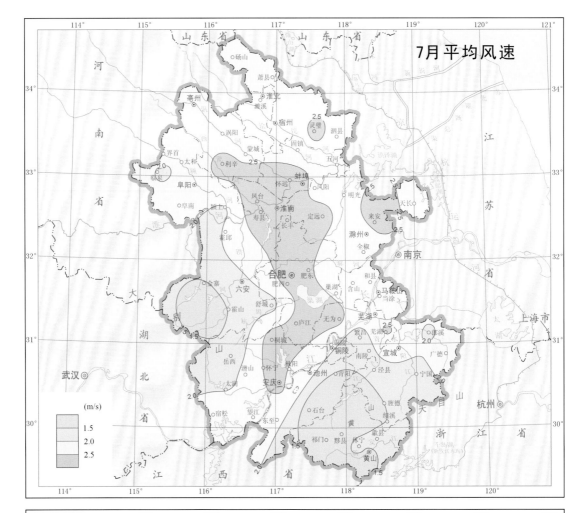

7月平均风速

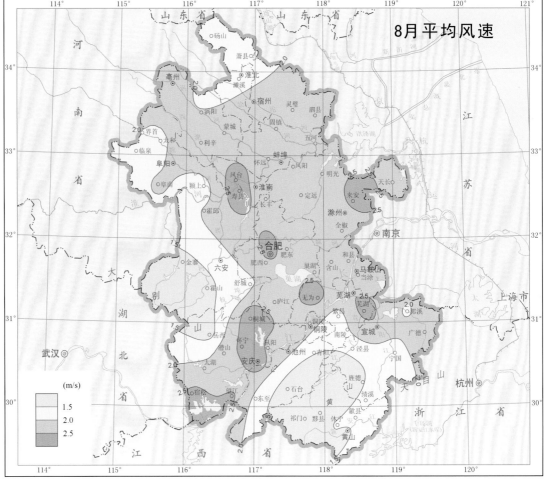

8月平均风速

比例尺　1：5 000 000

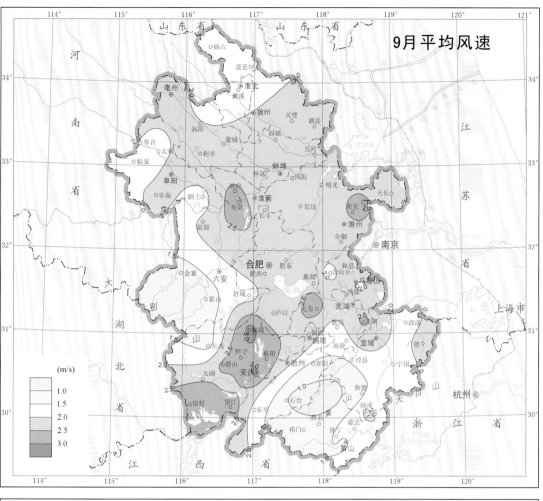

9月平均风速

10月平均风速

比例尺　1:5 000 000　　0　　50　　100km

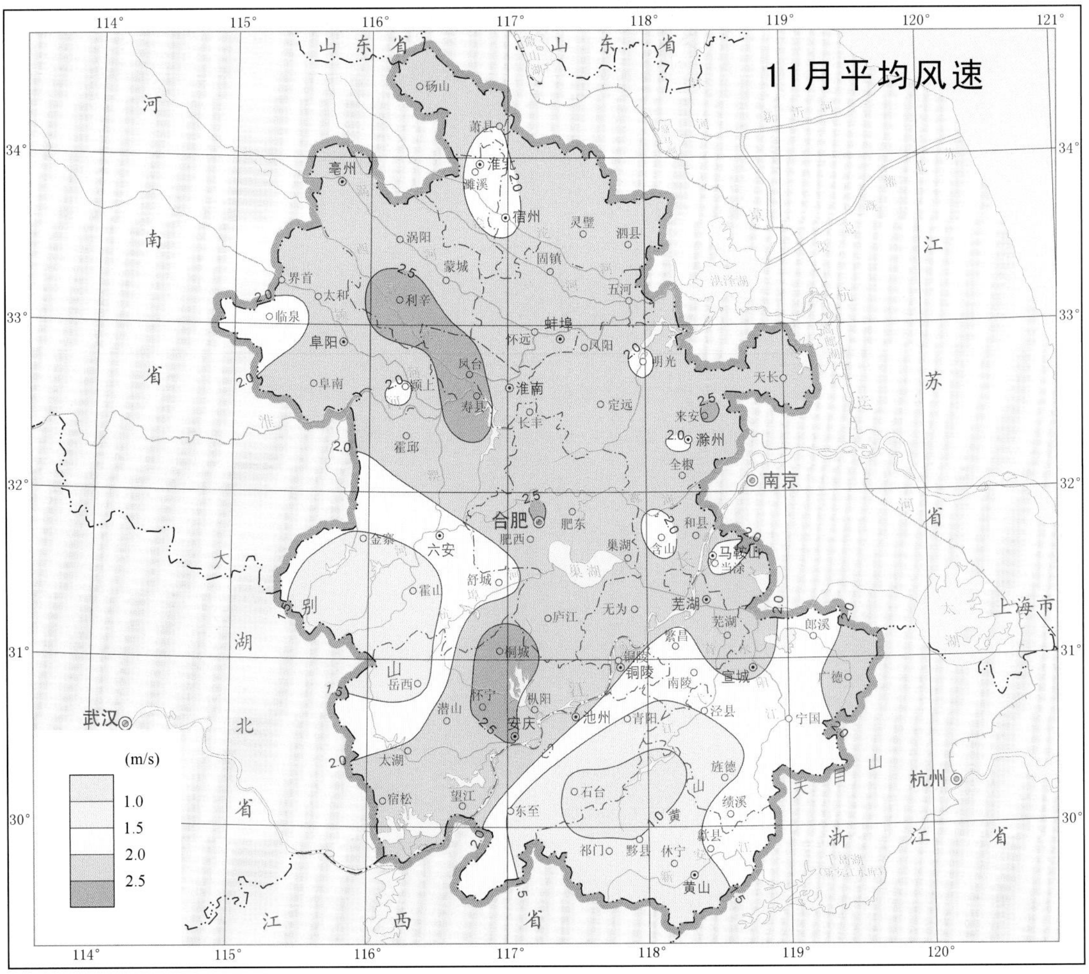

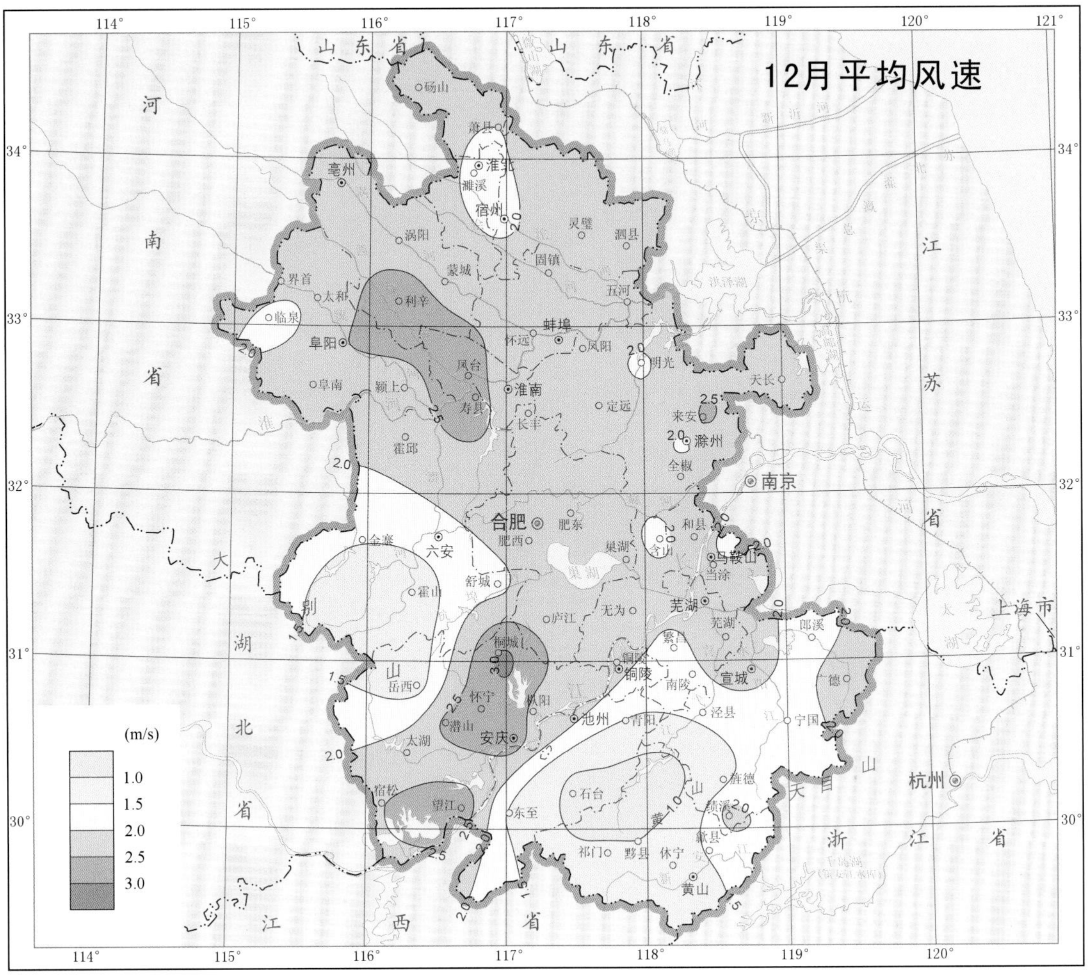

11月平均风速

12月平均风速

比例尺 1:5 000 000

年各风向频率及其平均风速和最大风速

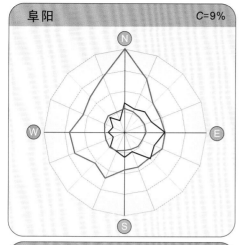

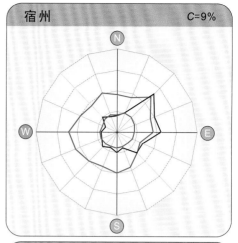

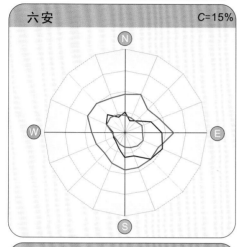

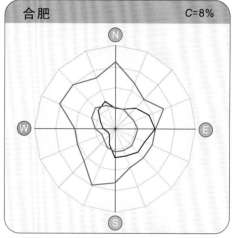

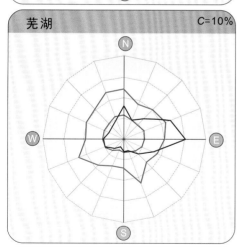

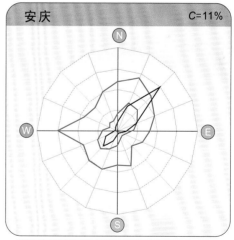

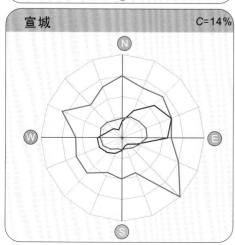

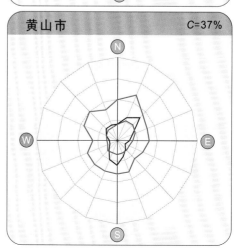

速 0 ⎯ 5 (m/s)

速 0 ⎯ 10 (m/s)

率 0 ⎯ 10 (%)

率 0 ⎯ 20 (%)

1月各风向频率及其平均风速和最大风速

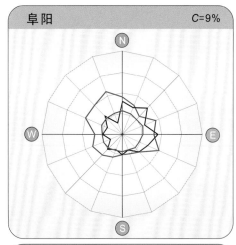

阜阳　　　　　　　　　C=9%

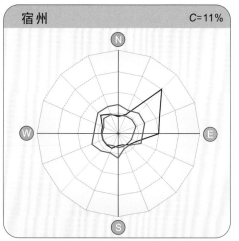

宿州　　　　　　　　　C=11%

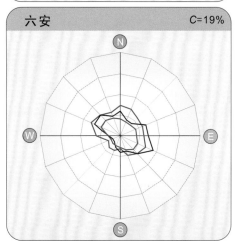

六安　　　　　　　　　C=19%

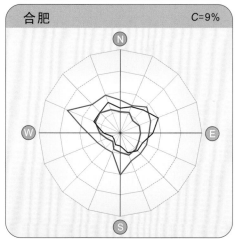

合肥　　　　　　　　　C=9%

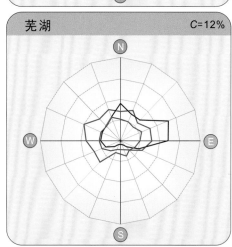

芜湖　　　　　　　　　C=12%

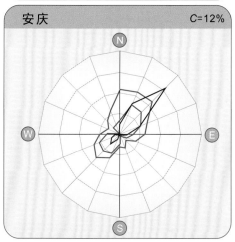

安庆　　　　　　　　　C=12%

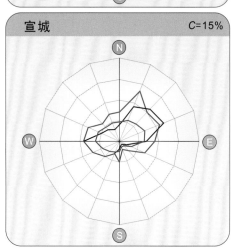

宣城　　　　　　　　　C=15%

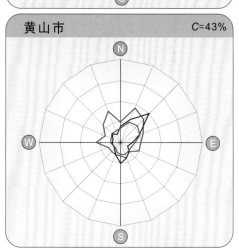

黄山市　　　　　　　　C=43%

平均风速　0

最大风速　0

风向频率　0

安庆

风向频率　0

4月各风向频率及其平均风速和最大风速

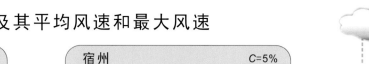

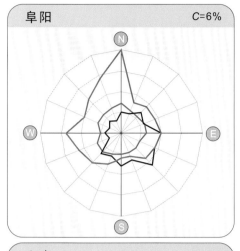

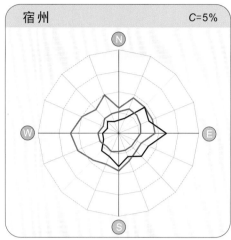

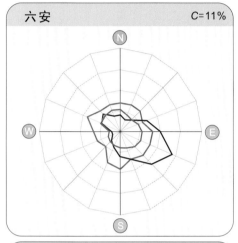

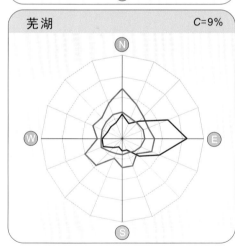

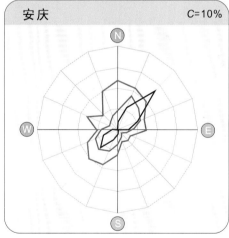

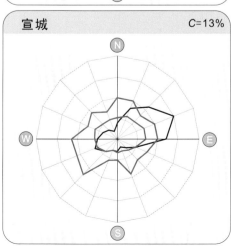

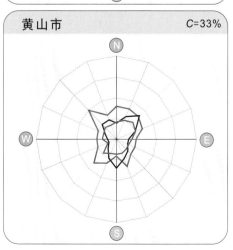

速 0 ____ 5 (m/s)

速 0 ____ 10 (m/s)

率 0 ____ 10 (%)

率 0 ____ 20 (%)

7月各风向频率及其平均风速和最大风速

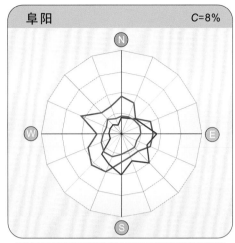

阜阳　　　　　　　　C=8%

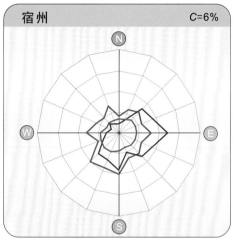

宿州　　　　　　　　C=6%

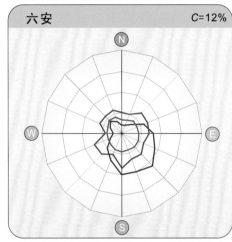

六安　　　　　　　　C=12%

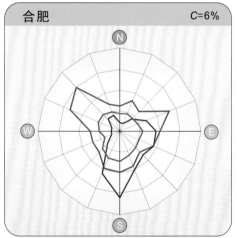

合肥　　　　　　　　C=6%

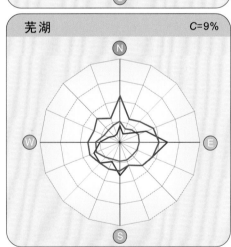

芜湖　　　　　　　　C=9%

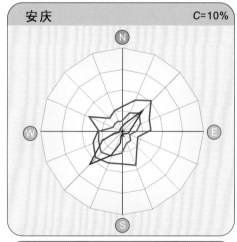

安庆　　　　　　　　C=10%

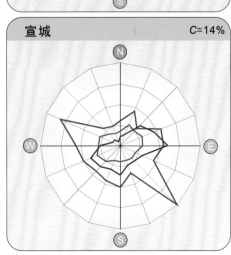

宣城　　　　　　　　C=14%

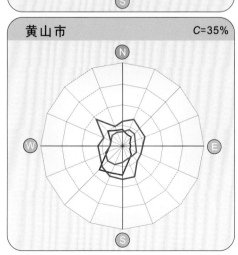

黄山市　　　　　　　C=35%

平均风速　0

最大风速　0

风向频率　0

安庆
风向频率　0

10月各风向频率及其平均风速和最大风速

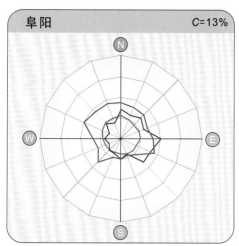

阜阳　　　　　　　C=13%

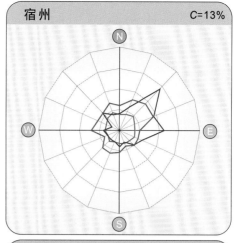

宿州　　　　　　　C=13%

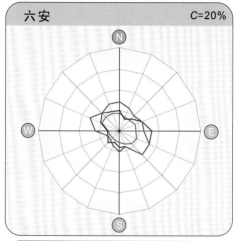

六安　　　　　　　C=20%

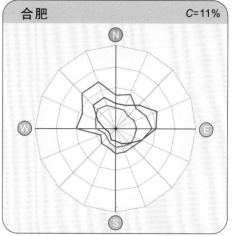

合肥　　　　　　　C=11%

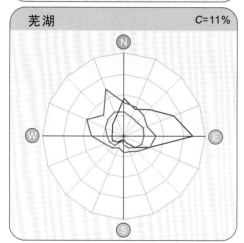

芜湖　　　　　　　C=11%

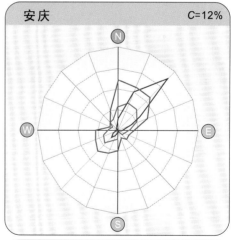

安庆　　　　　　　C=12%

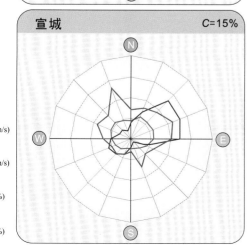

宣城　　　　　　　C=15%

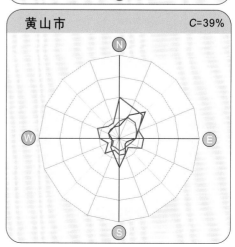

黄山市　　　　　　C=39%

速 0 — 5 (m/s)

速 0 — 10 (m/s)

率 0 — 10 (%)

率 0 — 20 (%)

年平均海平面气压

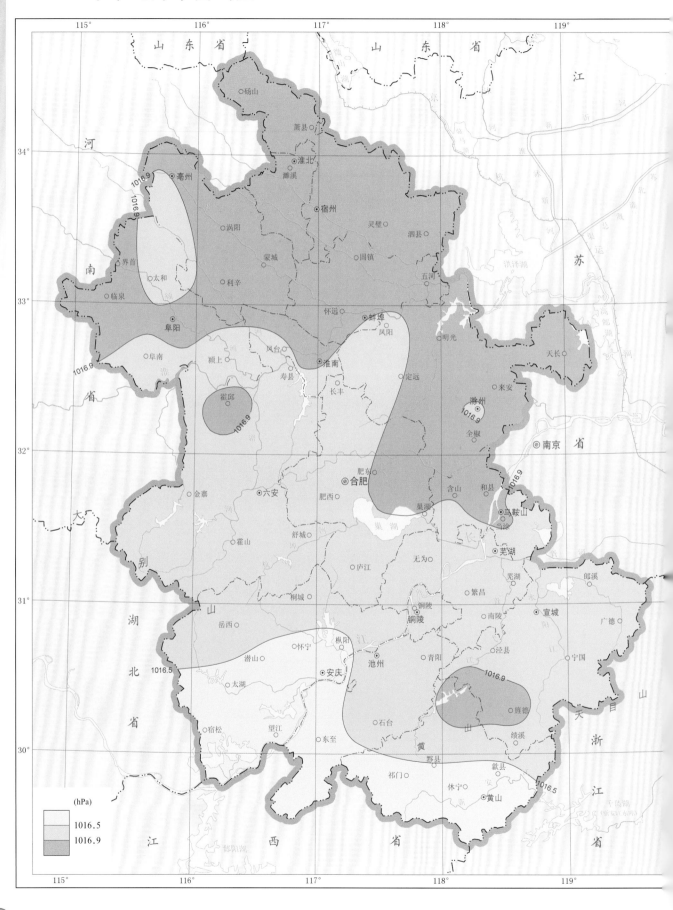

比例尺　1:2 800 000

0　　28　　56km

(hPa)

1016.5

1016.9

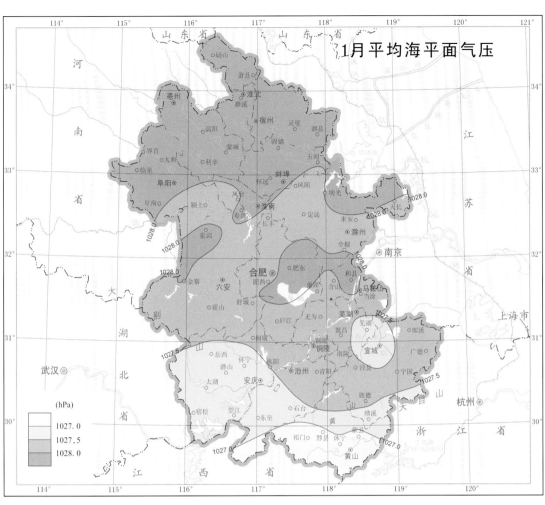

比例尺 1：5 000 000   0   50   100km

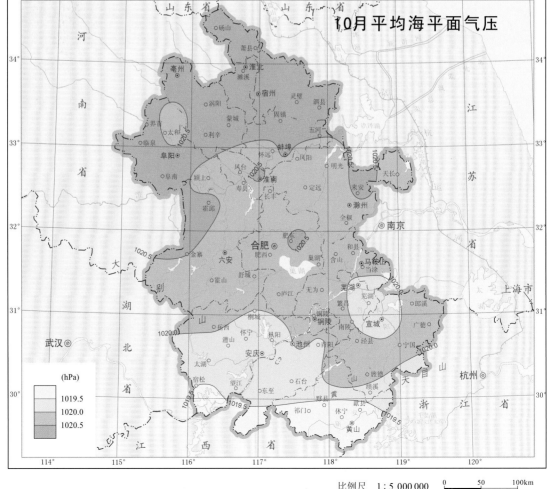

比例尺 1：5 000 000

年平均地面温度

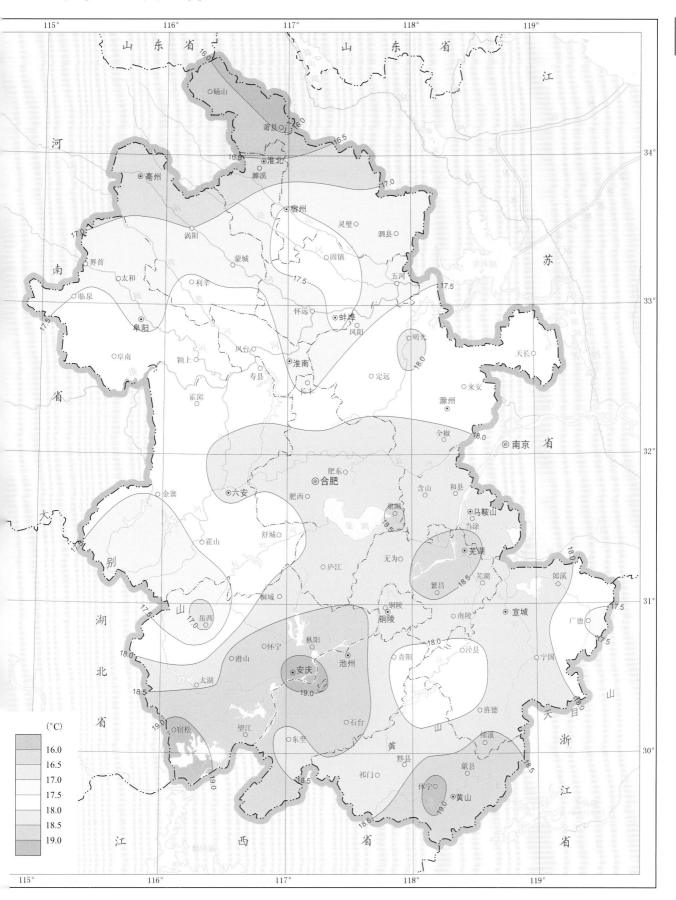

(°C)
16.0
16.5
17.0
17.5
18.0
18.5
19.0

99

比例尺 1 : 2 800 000   0   28   56km

1月平均地面温度

(°C)
1
2
3
4
5

2月平均地面温度

(°C)
4
5
6
7
8

安徽省气候图集

Climatological Atlas of Anhui Province

比例尺 1:5 000 000　　0　50　100km

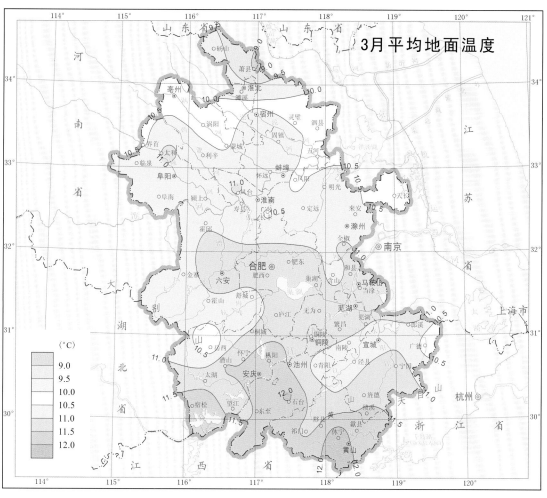

3月平均地面温度

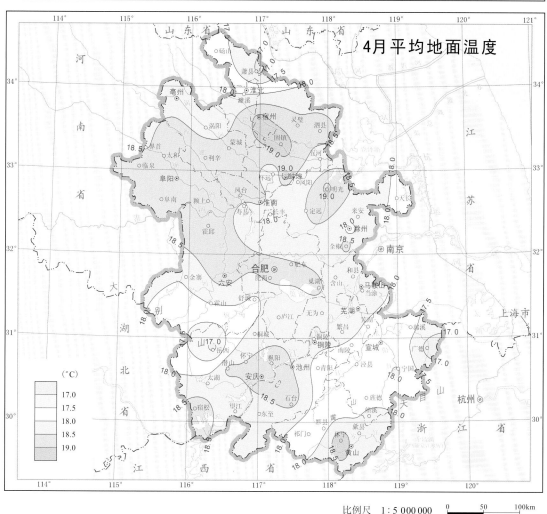

4月平均地面温度

比例尺 1:5 000 000   0   50   100km

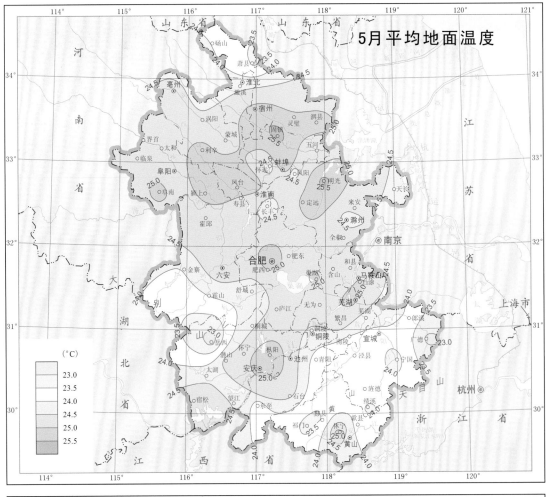

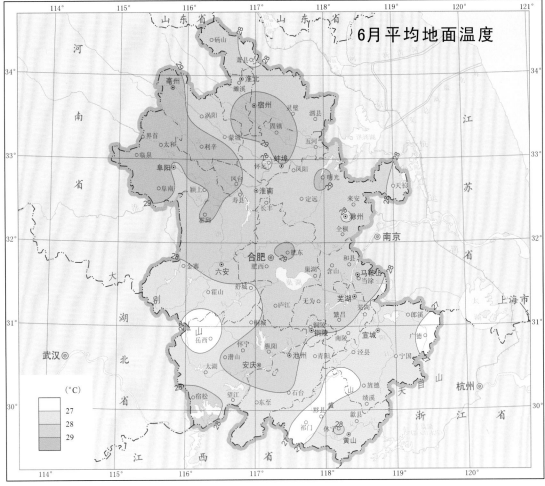

比例尺　1∶5 000 000

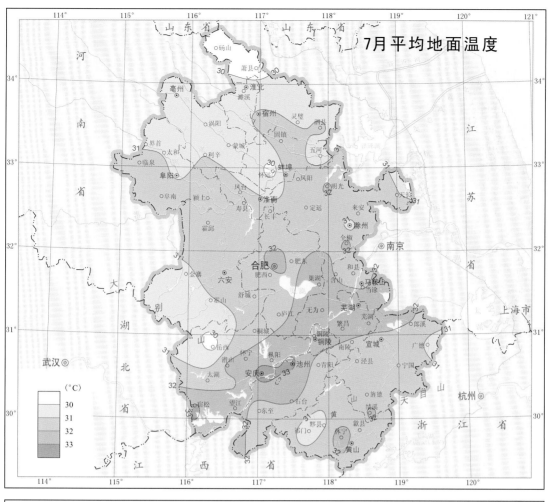

7月平均地面温度

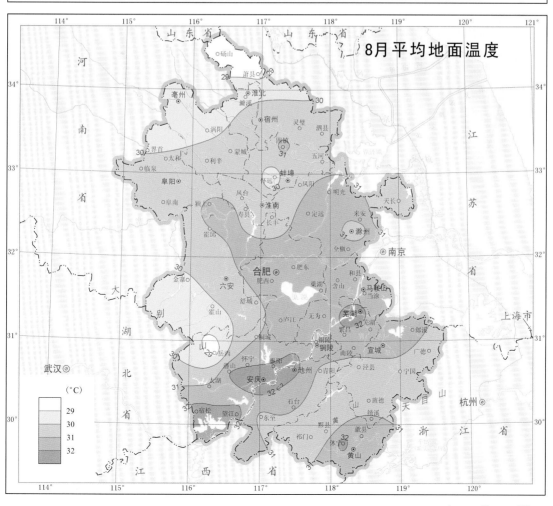

8月平均地面温度

比例尺 1：5 000 000

9月平均地面温度

（℃）
24
25
26
27

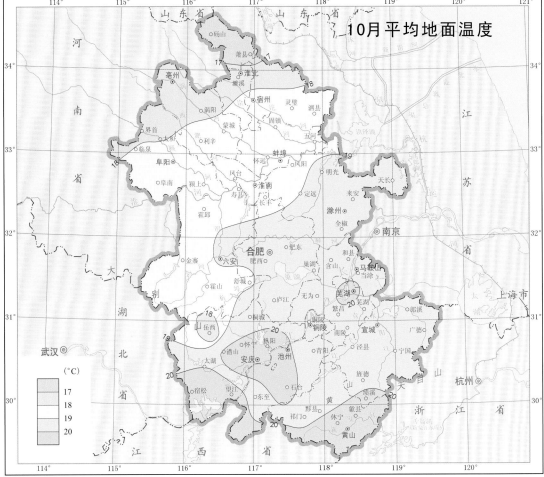

10月平均地面温度

（℃）
17
18
19
20

比例尺　1：5 000 000　　0　　50　　100km

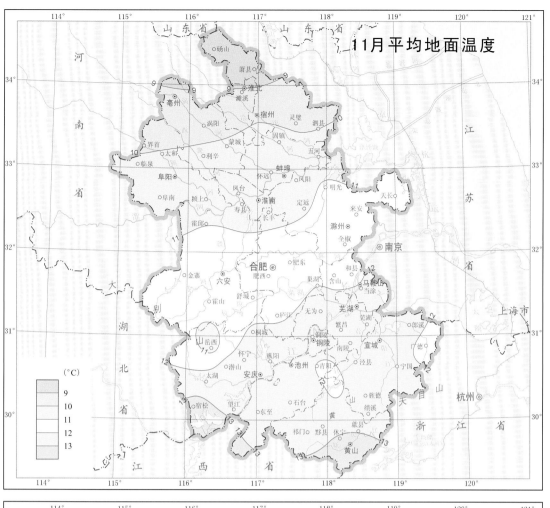

11月平均地面温度

12月平均地面温度

比例尺　1:5 000 000

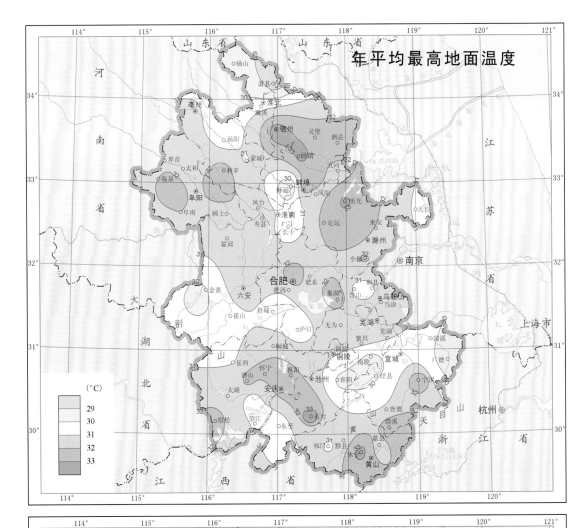

安徽省气候图集
Climatological Atlas of Anhui Province

比例尺　1：5 000 000

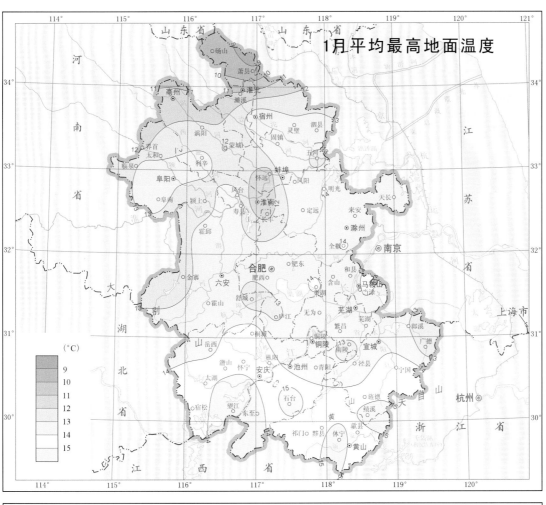

1月平均最高地面温度

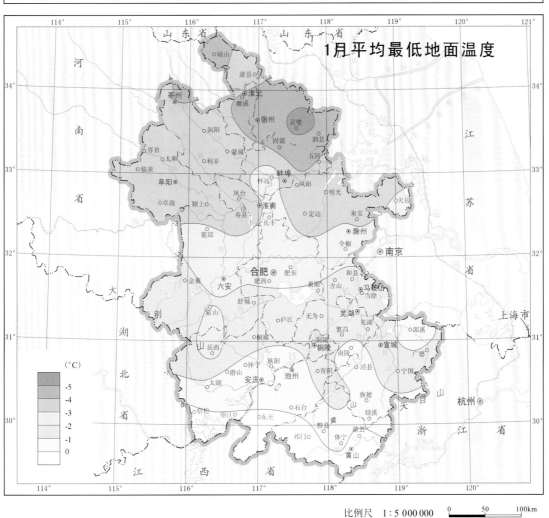

1月平均最低地面温度

比例尺 1:5 000 000   0 50 100km

4月平均最高地面温度

4月平均最低地面温度

比例尺　1 : 5 000 000

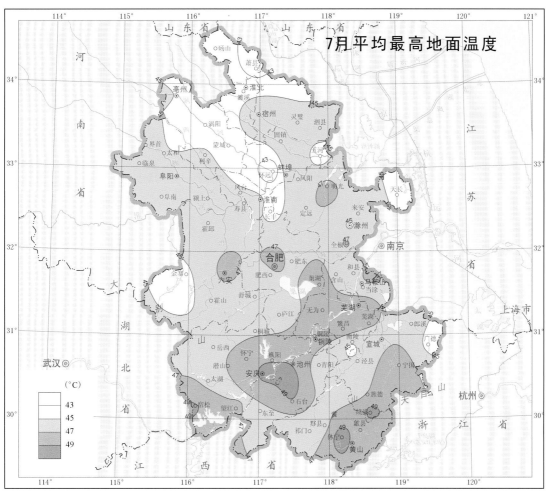

7月平均最高地面温度

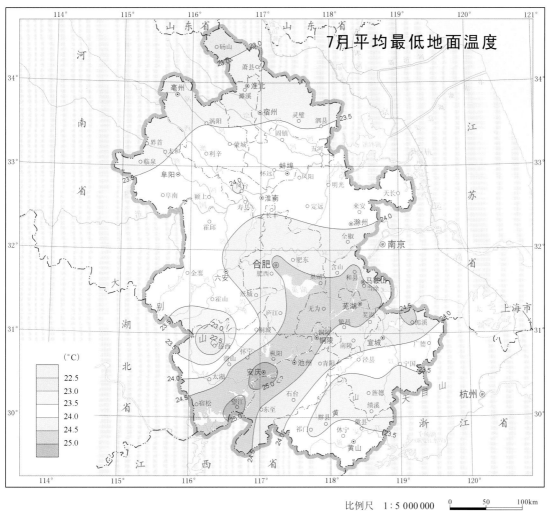

7月平均最低地面温度

比例尺　1:5 000 000　　　0　　50　　100km

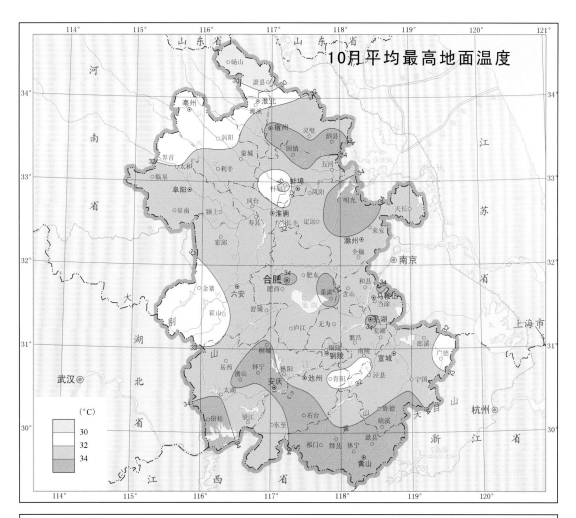

10月平均最高地面温度

(°C)
30
32
34

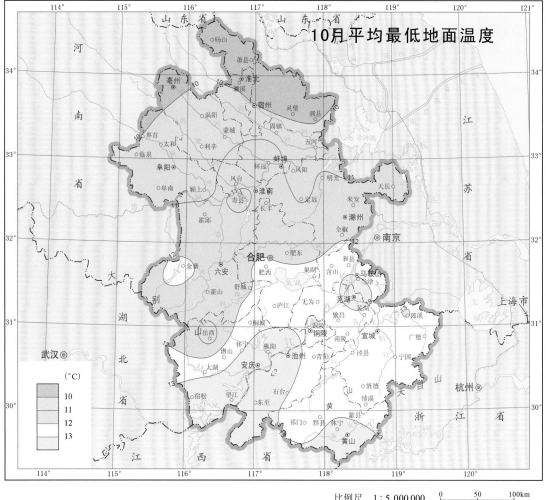

10月平均最低地面温度

(°C)
10
11
12
13

比例尺 1:5 000 000   0   50   100km

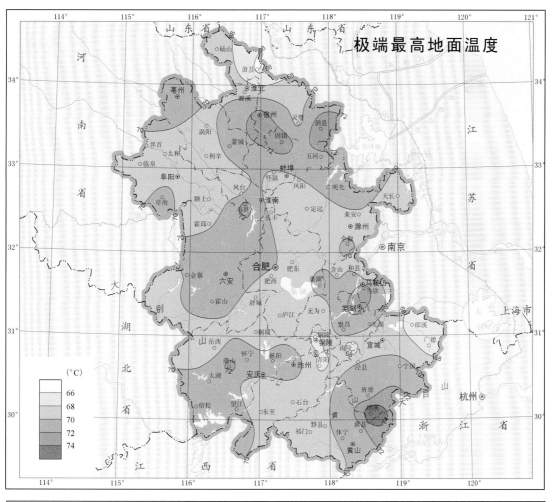

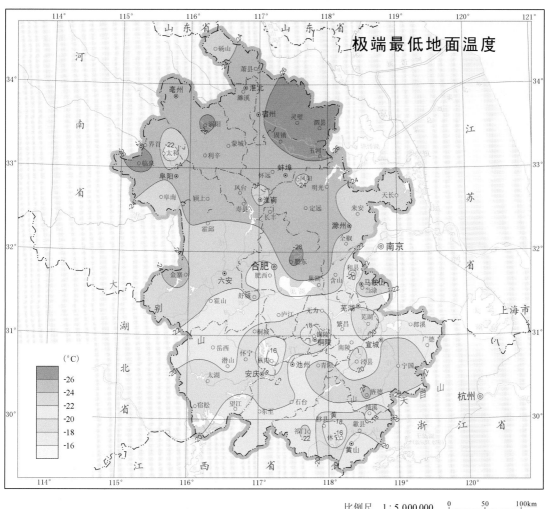

比例尺 1:5 000 000

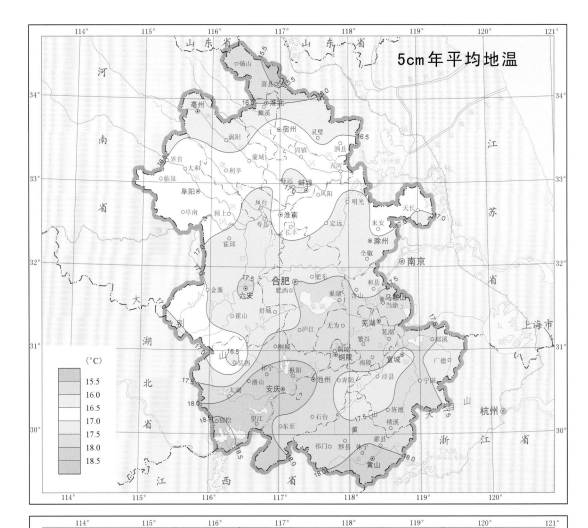

5cm年平均地温

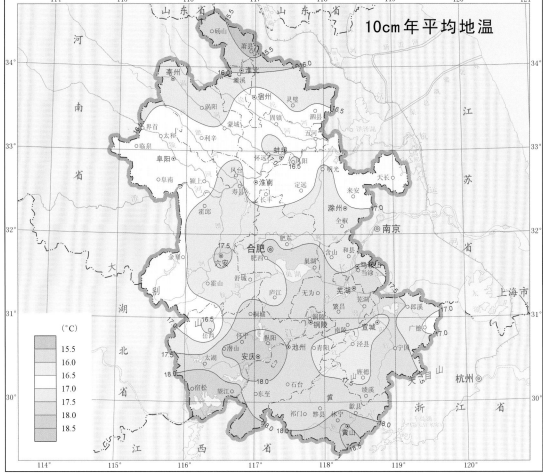

10cm年平均地温

比例尺　1：5 000 000

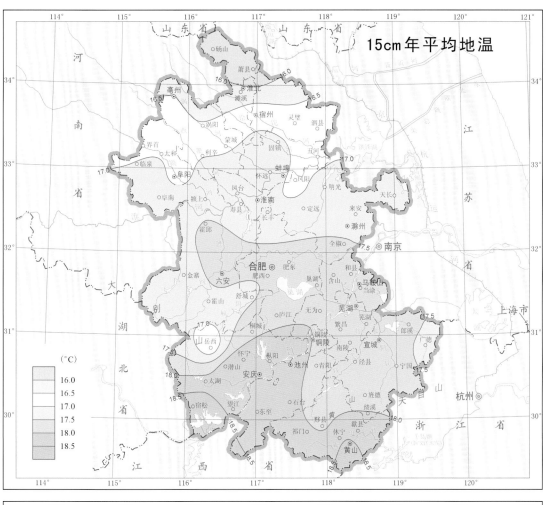

15cm年平均地温

20cm年平均地温

113

比例尺 1:5 000 000

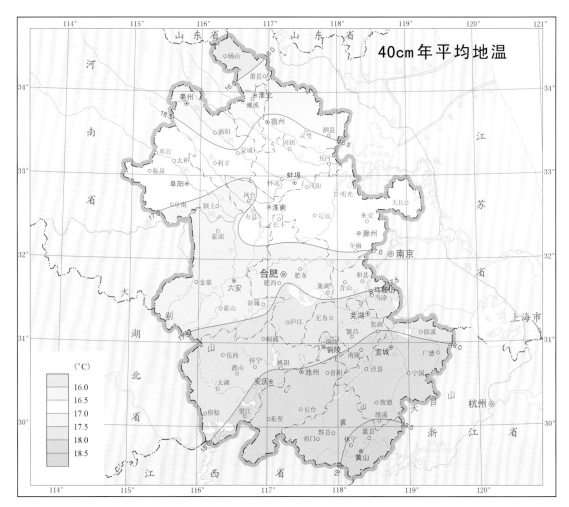

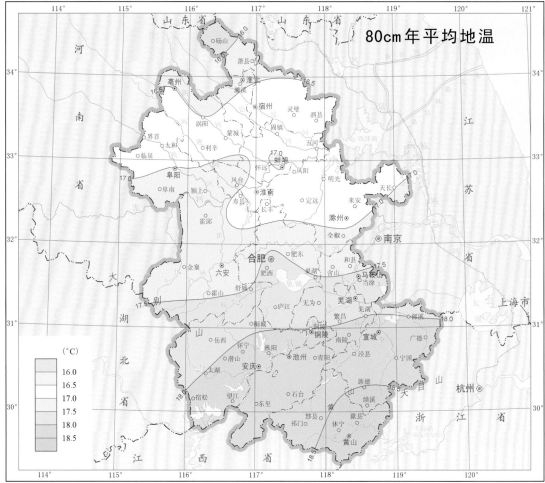

安徽省气候图集
Climatological Atlas of Anhui Province

比例尺 1:5 000 000   0   50   100km

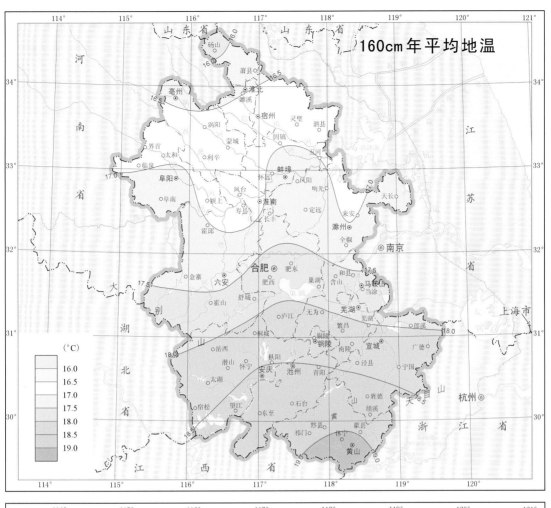

160cm年平均地温

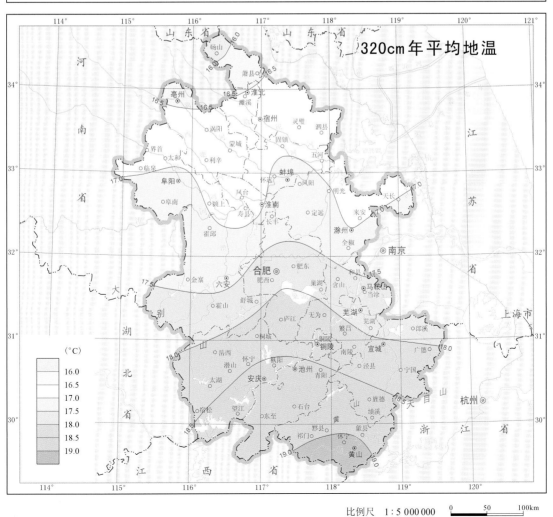

320cm年平均地温

比例尺 1:5 000 000　　0　　50　　100km

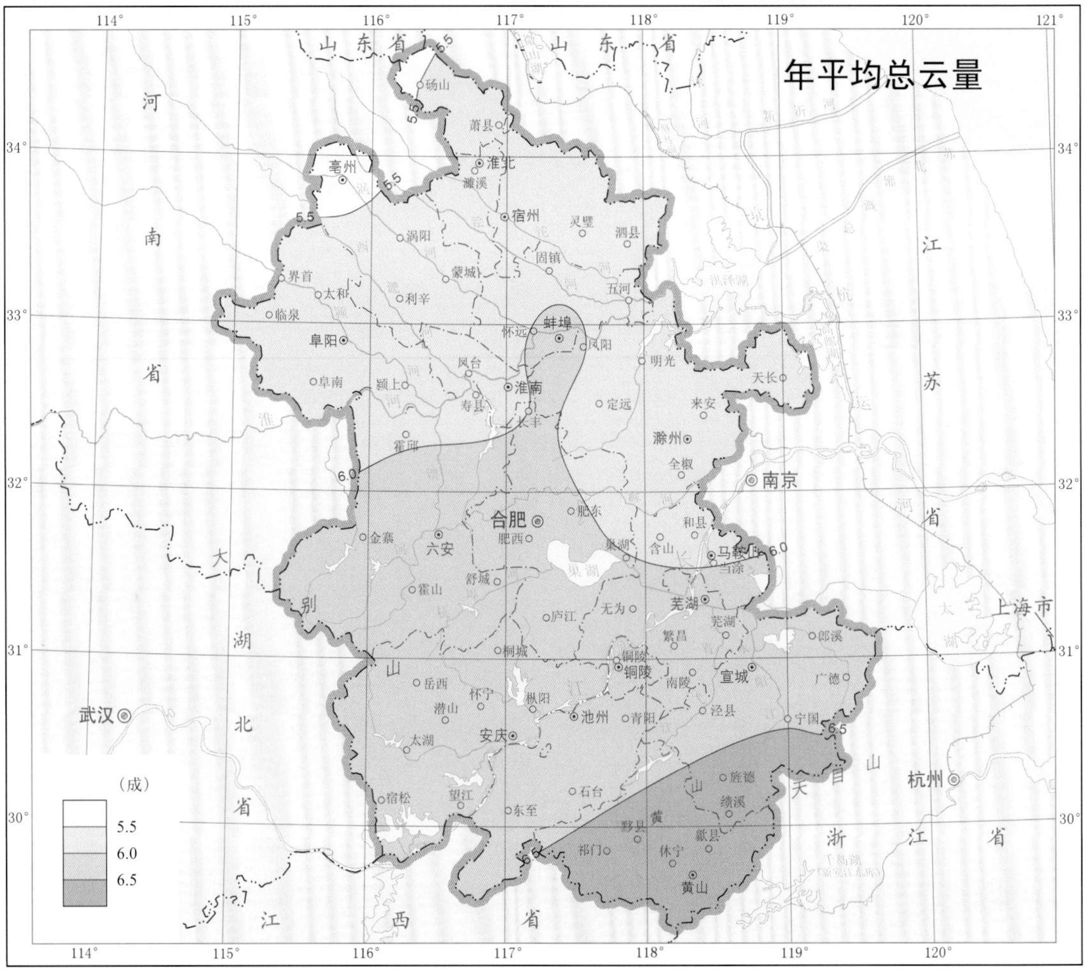

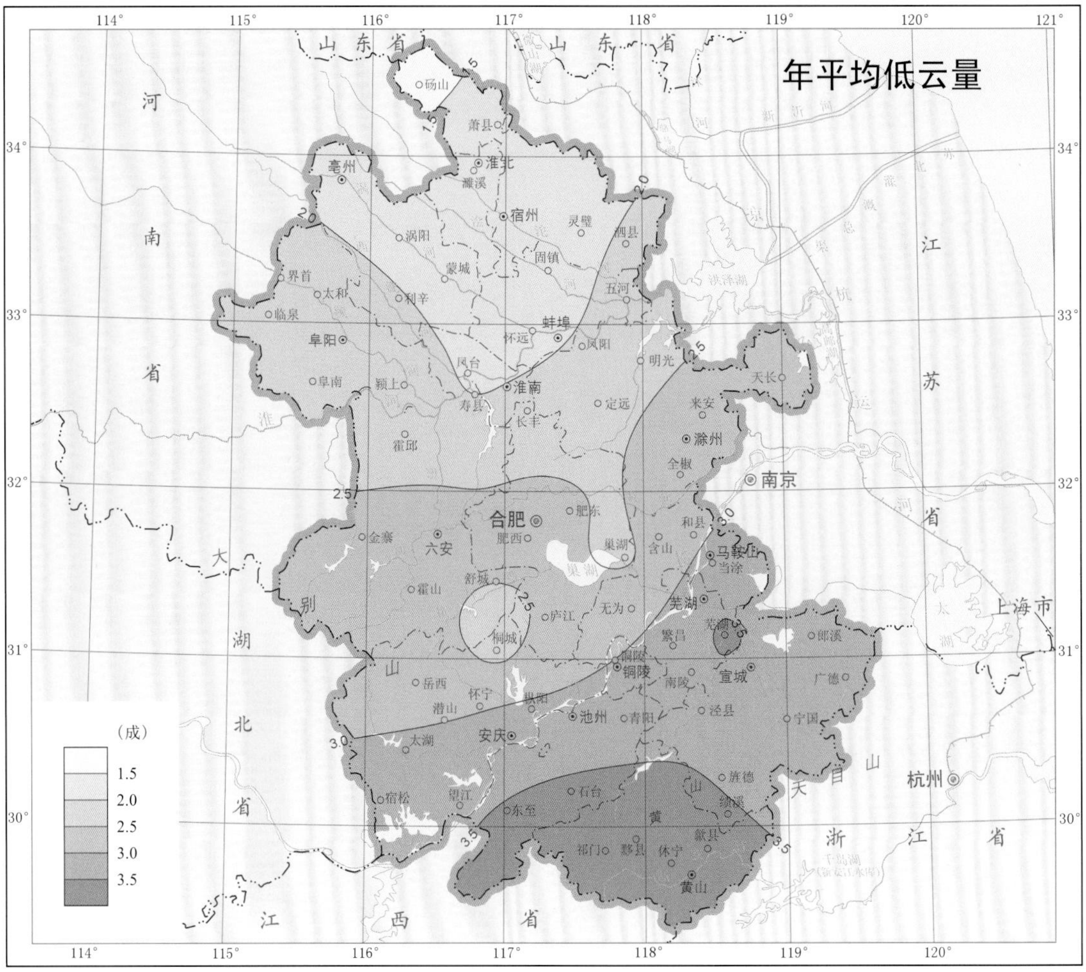

年平均总云量

（成）
5.5
6.0
6.5

年平均低云量

（成）
1.5
2.0
2.5
3.0
3.5

安徽省气候图集
Climatological Atlas of Anhui Province

比例尺　1：5 000 000　　　0　　50　　100km

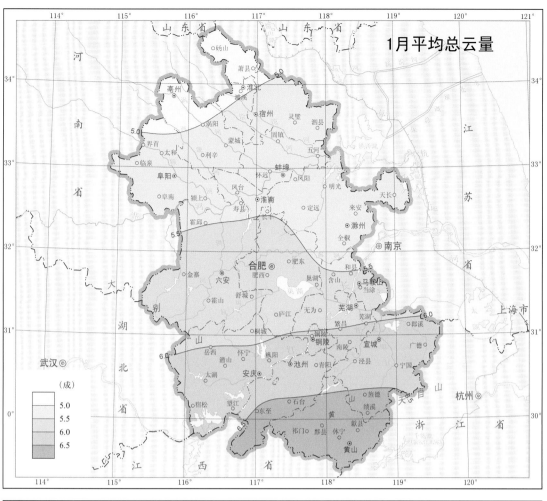

比例尺 1:5 000 000   0 50 100km

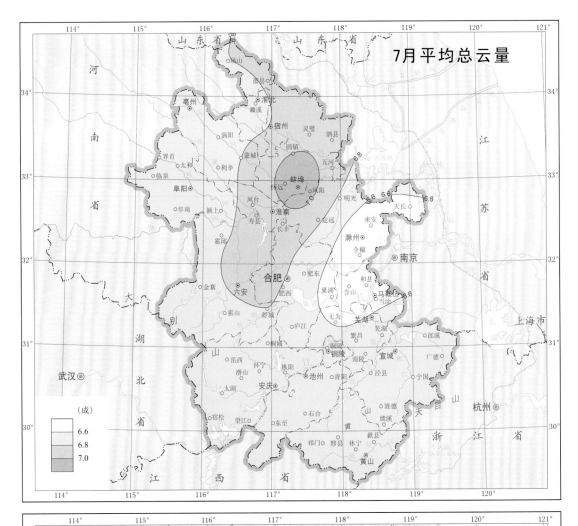

7月平均总云量

（成）
6.6
6.8
7.0

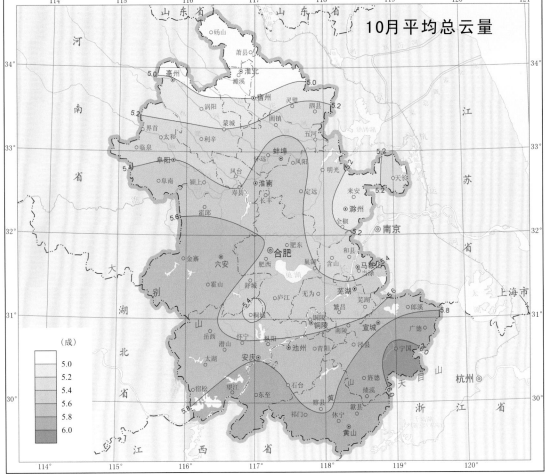

10月平均总云量

（成）
5.0
5.2
5.4
5.6
5.8
6.0

比例尺 1：5 000 000　　0　　50　　100km

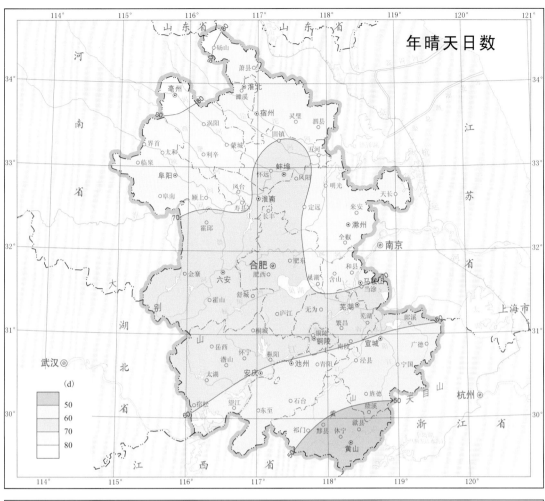

年晴天日数

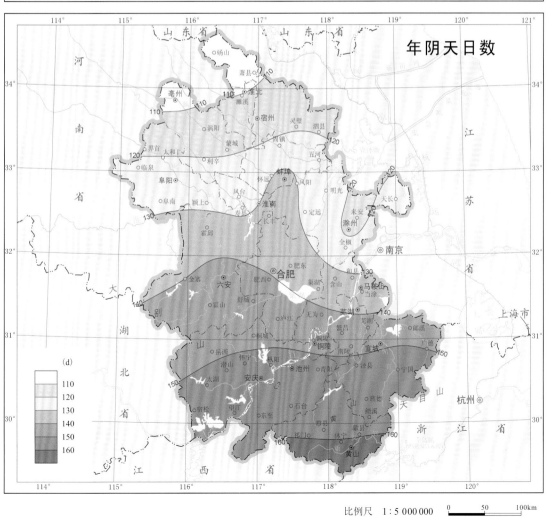

年阴天日数

比例尺 1：5 000 000

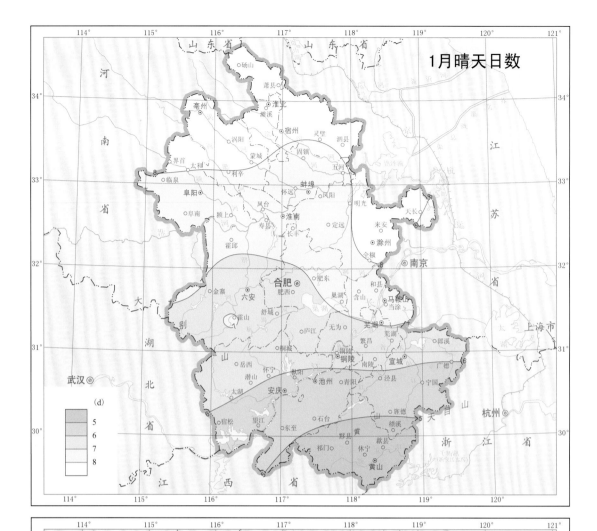

1月晴天日数

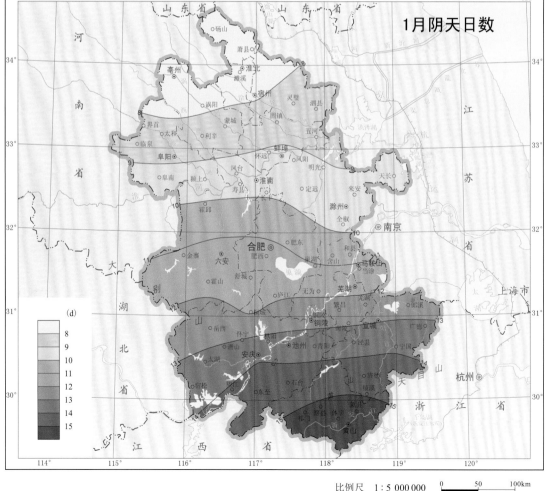

1月阴天日数

比例尺　1:5 000 000

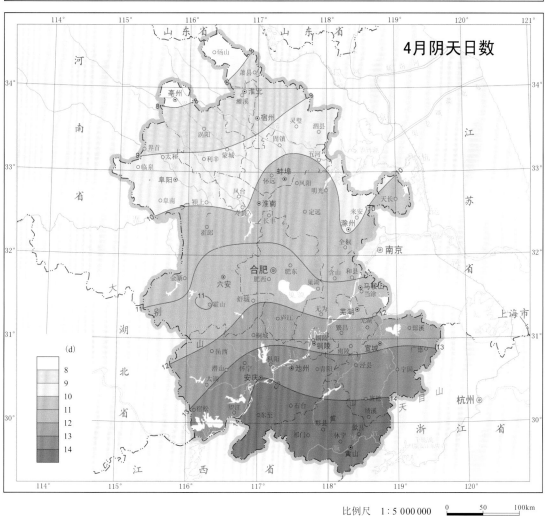

比例尺 1:5 000 000   0 50 100km

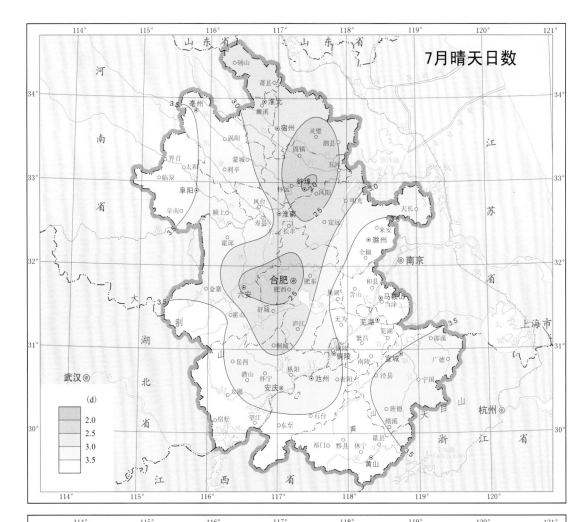

7月晴天日数

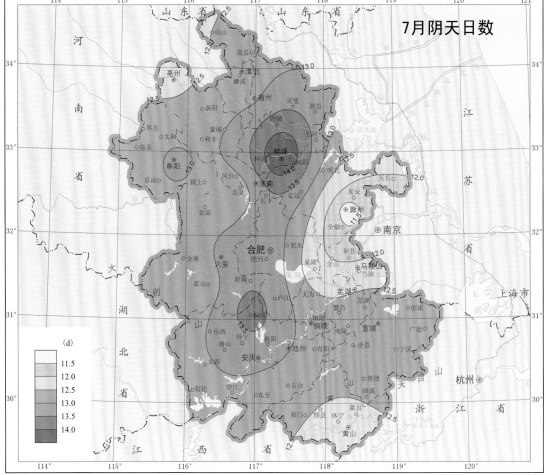

7月阴天日数

比例尺　1∶5 000 000　　0　50　100km

10月晴天日数

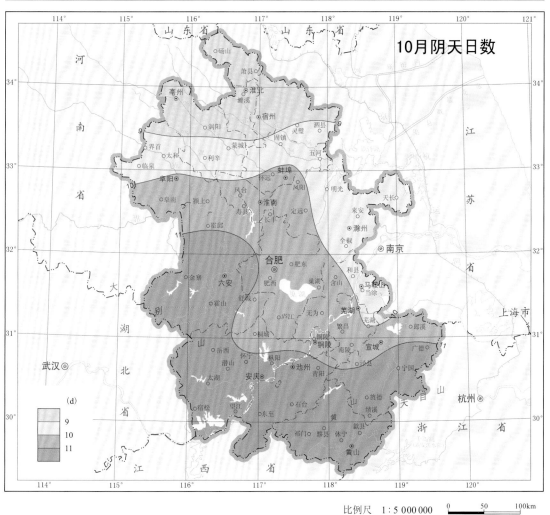

10月阴天日数

比例尺 1:5 000 000

年平均水汽压

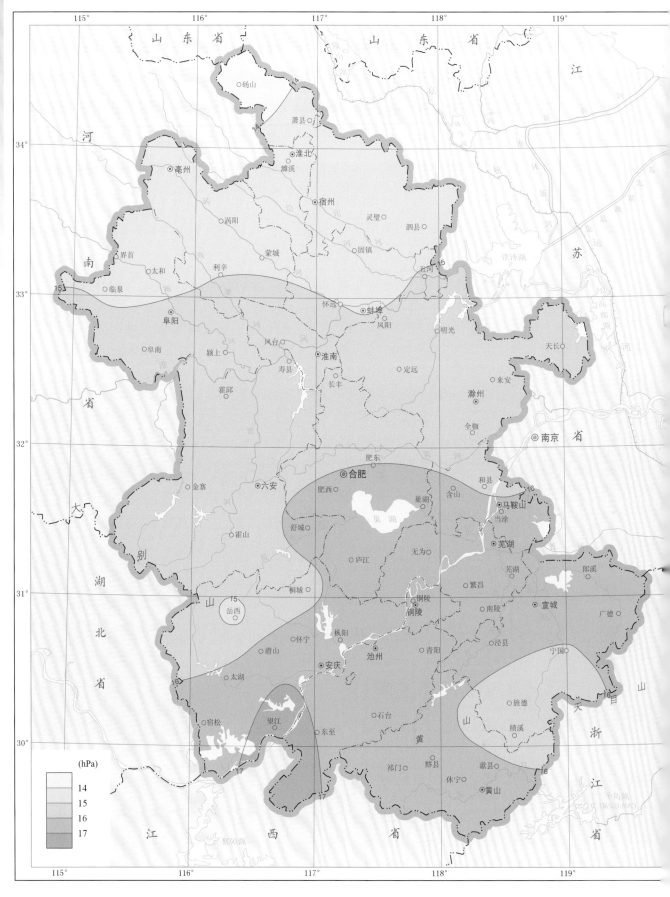

比例尺 1:2 800 000

(hPa)
14
15
16
17

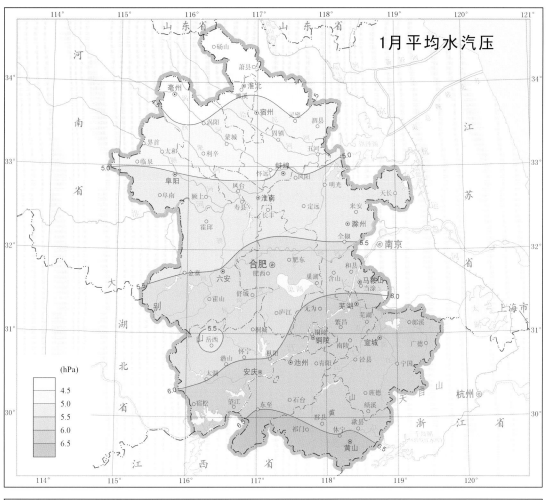

1月平均水汽压

(hPa)
4.5
5.0
5.5
6.0
6.5

4月平均水汽压

(hPa)
12
13
14
15

比例尺 1:5 000 000　　0　　50　　100km

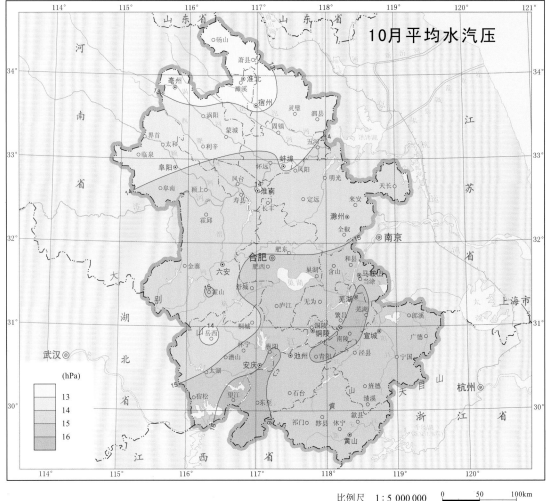

比例尺　1:5 000 000

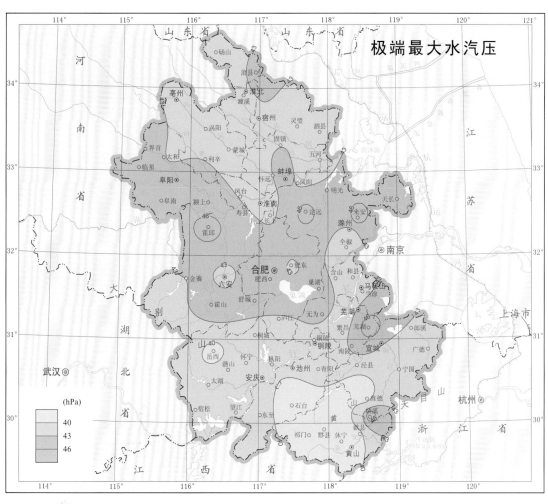

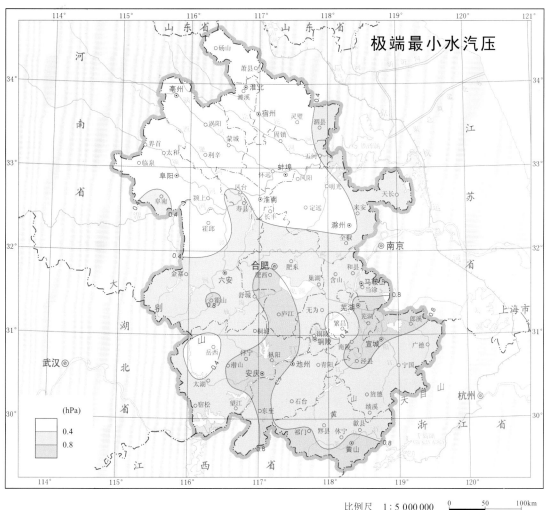

比例尺 1:5 000 000　　　0　50　100km

基本气候图

年蒸发量

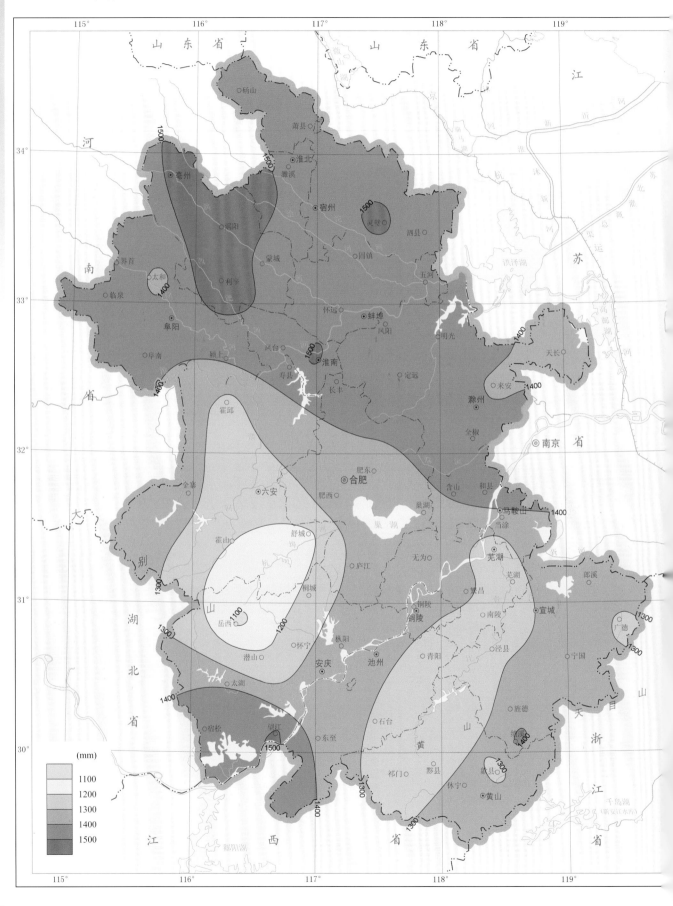

Climatological Atlas of Anhui Province

安徽省气候图集

128

比例尺　1：2 800 000　　0　　28　　56km

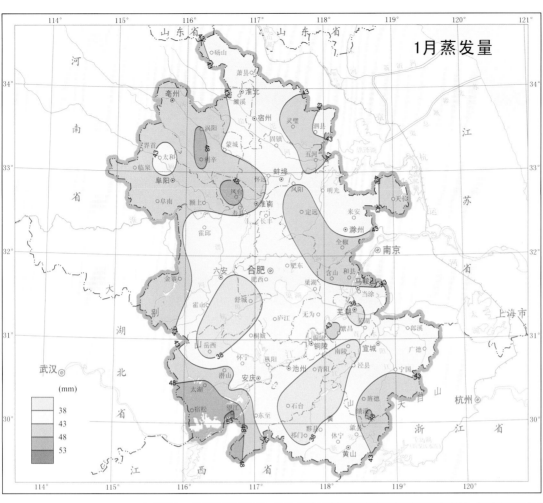

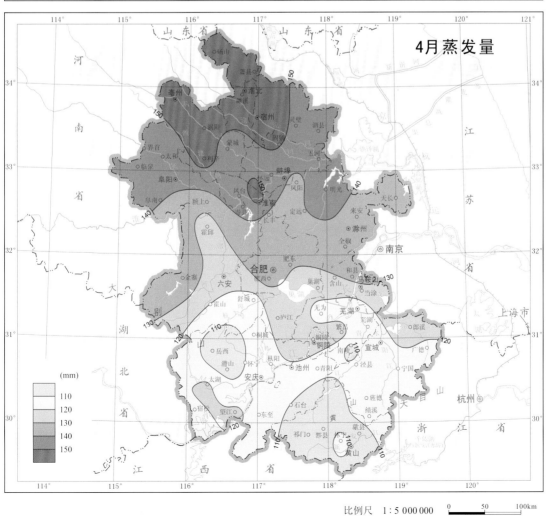

比例尺 1:5 000 000

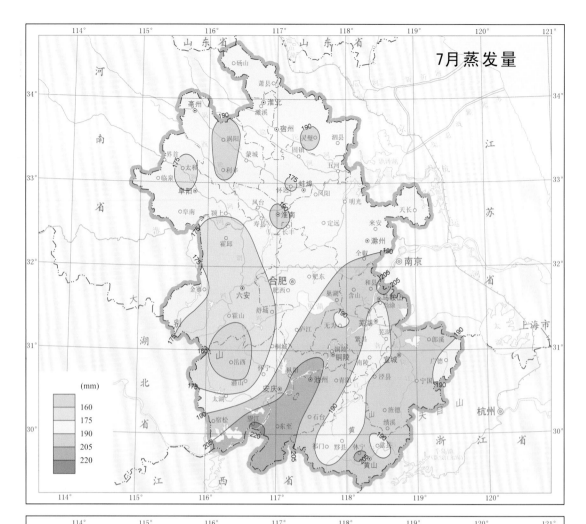

7月蒸发量

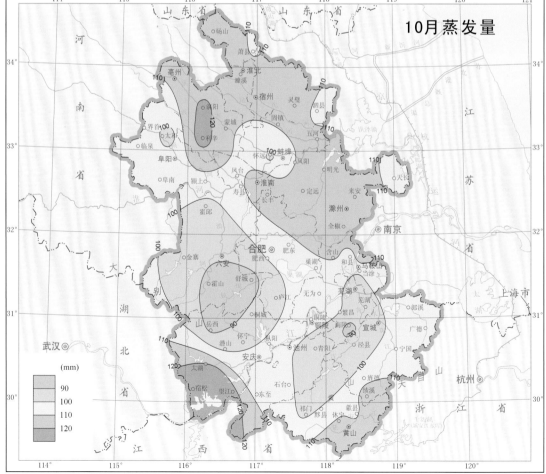

10月蒸发量

比例尺　1∶5 000 000

气候要素综合图

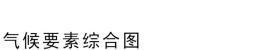

气　温

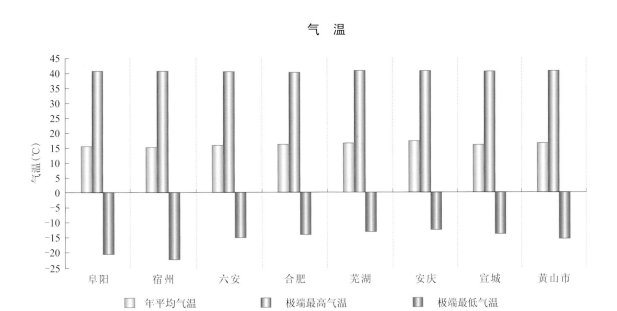

图例：
□ 年平均气温　　■ 极端最高气温　　■ 极端最低气温

降　水

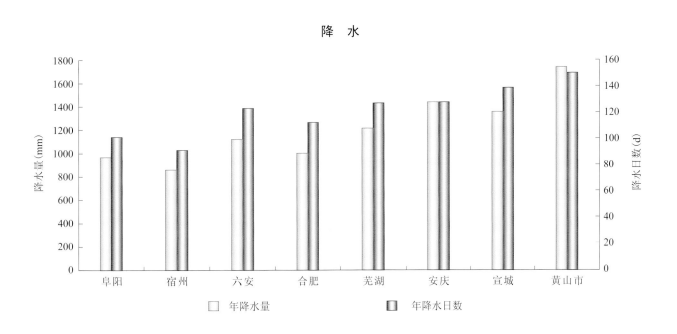

图例：
□ 年降水量　　■ 年降水日数

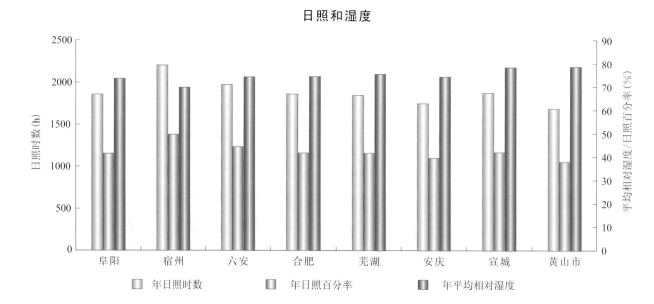

日照和湿度

■ 年日照时数　　■ 年日照百分率　　■ 年平均相对湿度

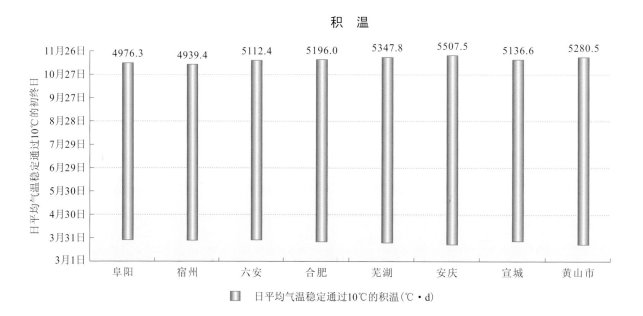

积　温

■ 日平均气温稳定通过10℃的积温（℃·d）

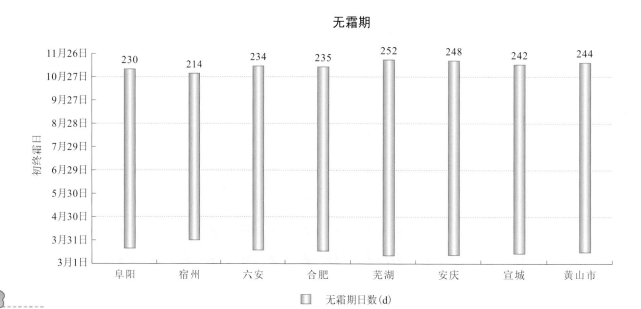

无霜期

■ 无霜期日数（d）

序 图

基本气候图

灾害性天气气候图

应用气候图

气候变化图

雨涝

干旱

高温

低温冻害

大风

雷暴

冰雹

台风

连阴雨

寒潮

雾

霾

雪

典型灾害个例

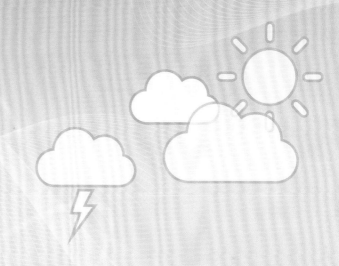

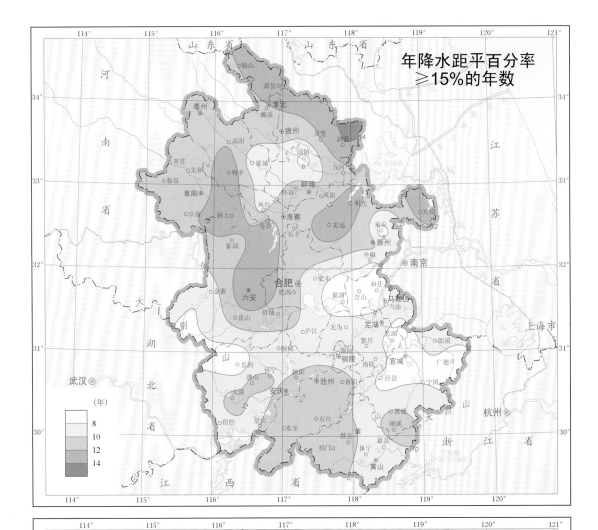

年降水距平百分率
≥15%的年数

（年）
8
10
12
14

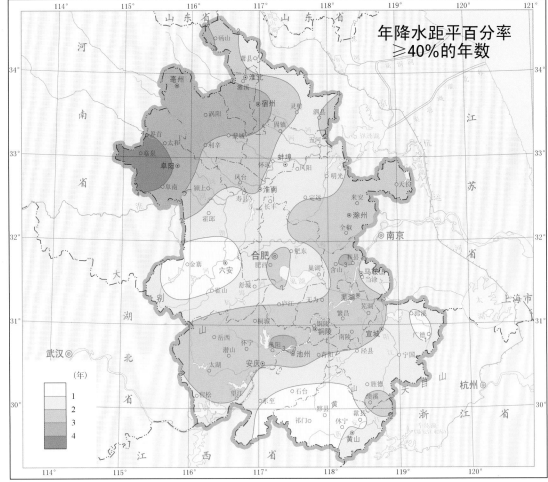

年降水距平百分率
≥40%的年数

（年）
1
2
3
4

比例尺　1∶5 000 000

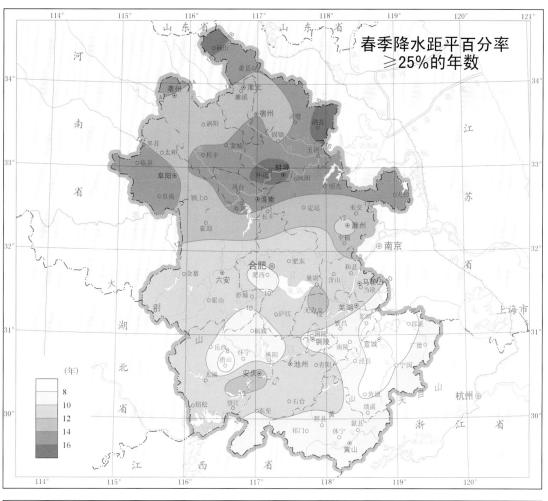

春季降水距平百分率
≥25%的年数

(年)
8
10
12
14
16

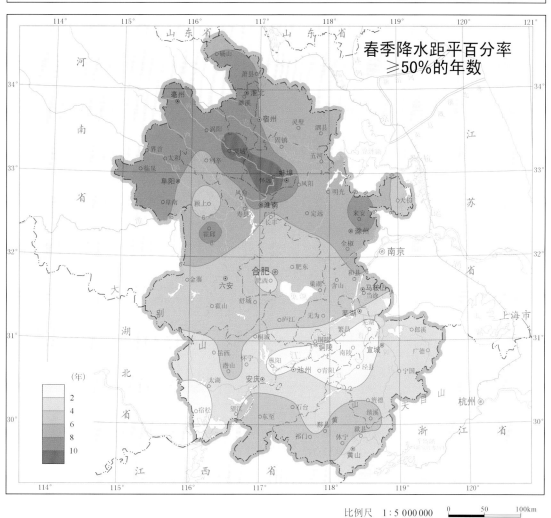

春季降水距平百分率
≥50%的年数

(年)
2
4
6
8
10

比例尺　1：5 000 000　　0　50　100km

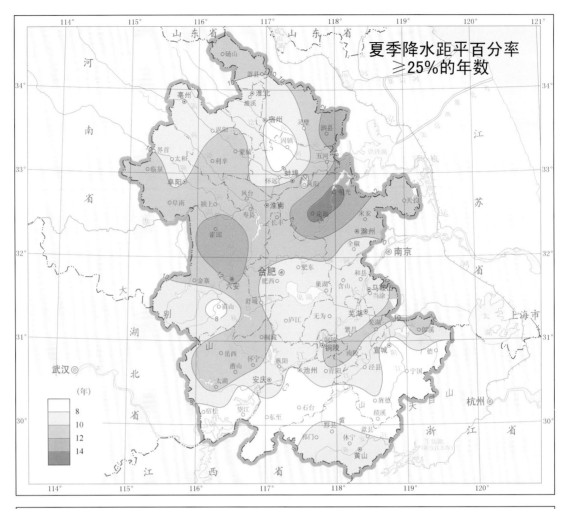

夏季降水距平百分率
≥25%的年数

(年)
8
10
12
14

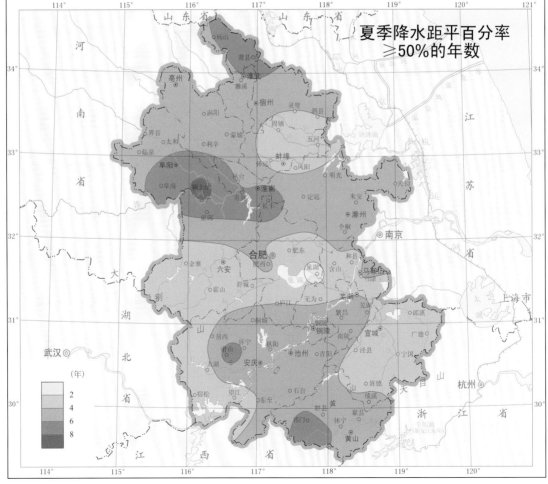

夏季降水距平百分率
≥50%的年数

(年)
2
4
6
8

比例尺 1:5 000 000   0   50   100km

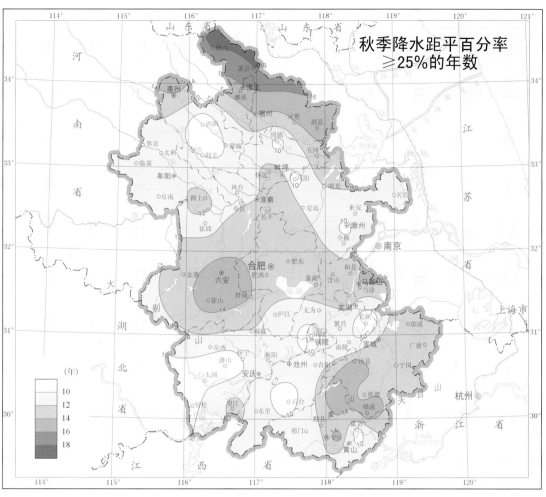

秋季降水距平百分率
≥25%的年数

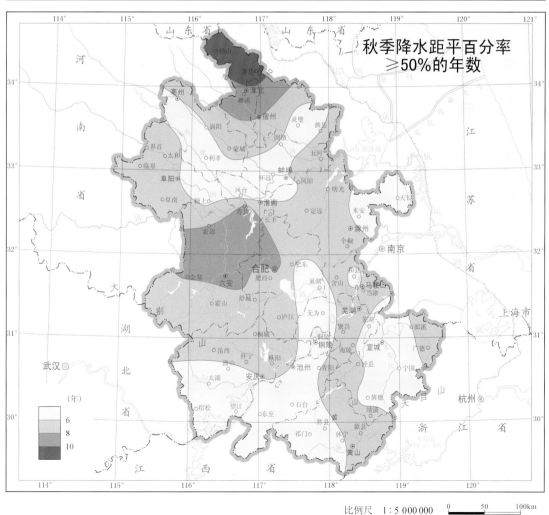

秋季降水距平百分率
≥50%的年数

比例尺　1:5 000 000　　0　　50　　100km

≥250mm特大暴雨日数
（1961—2010年合计）

暴雨是安徽省主要灾害性天气之
一，特别是日降水量≥250 mm的强降
水极易引发洪涝或城市内涝，给人民
生命财产造成重大损失。安徽省
1961—2010年出现特大暴雨共计有46个
站日，沿淮淮北西部、江淮之间东部
及大别山区出现特大暴雨的次数较
多，其中最大值出现在太和及凤台，
为3 d。

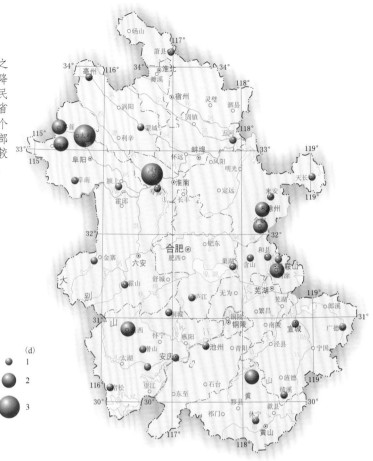

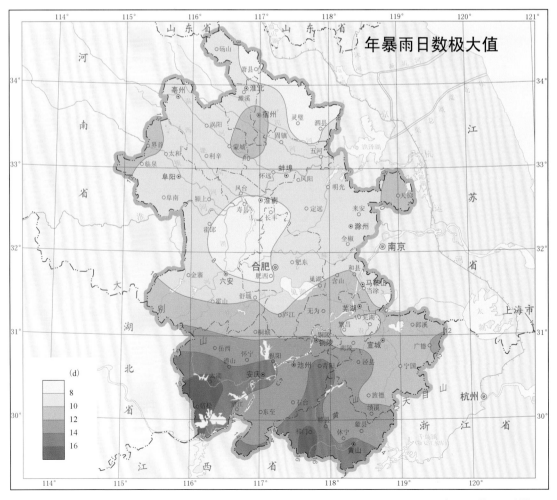

年暴雨日数极大值

安徽省气候图集

Climatological Atlas of Anhui Province

比例尺 1：5 000 000

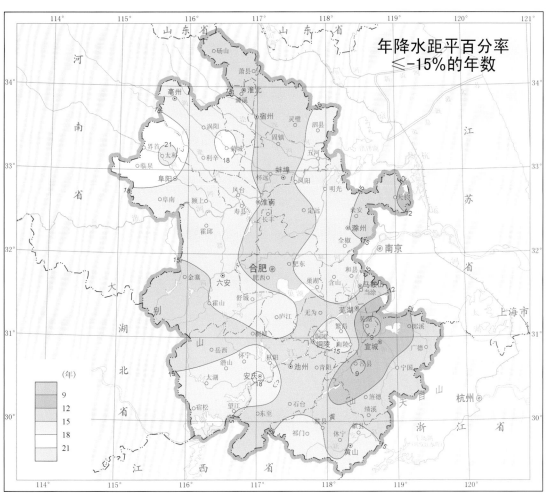

年降水距平百分率
≤-15%的年数

(年)
9
12
15
18
21

年降水距平百分率
≤-40%的年数

(年)
1
2
3

比例尺　1:5 000 000　　0　50　100km

春季降水距平百分率
≤-25%的年数

春季降水距平百分率
≤-50%的年数

比例尺　1：5 000 000

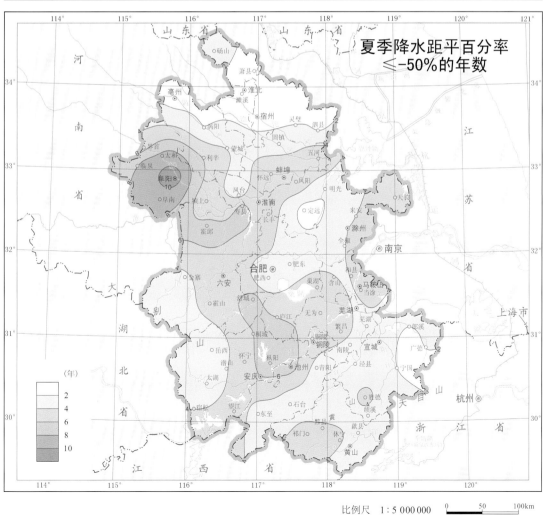

比例尺 1：5 000 000　　0　50　100km

秋季降水距平百分率
≤-25%的年数

(年)
12
15
18
21

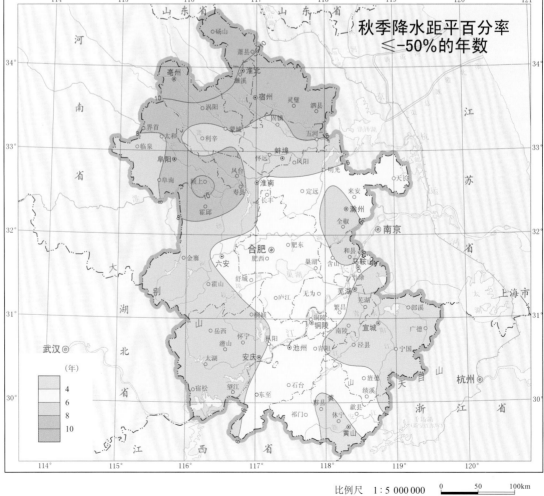

秋季降水距平百分率
≤-50%的年数

(年)
4
6
8
10

比例尺 1:5 000 000 0 50 100km

冬季降水距平百分率
≤-25%的年数

(年)
15
18
21

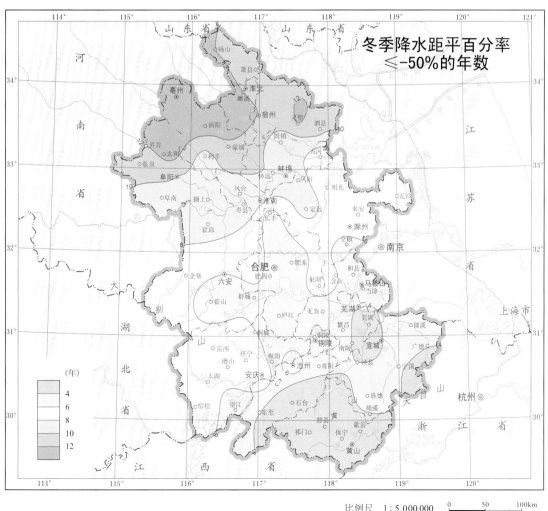

冬季降水距平百分率
≤-50%的年数

(年)
4
6
8
10
12

143

比例尺　1:5 000 000

0　　50　　100km

年干旱日数

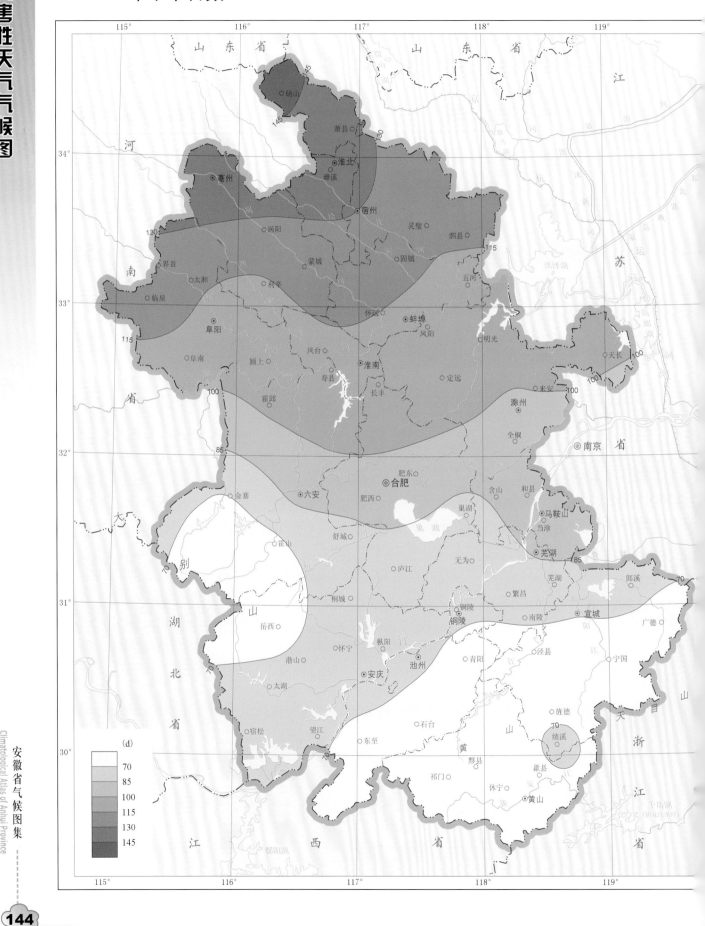

比例尺　1∶2 800 000

0　28　56km

代表站各月干旱日数及占全年干旱日数百分比

砀　山

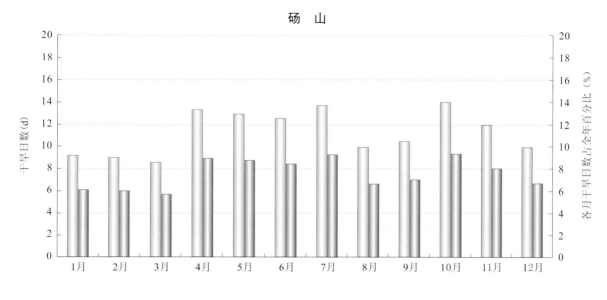

合　肥

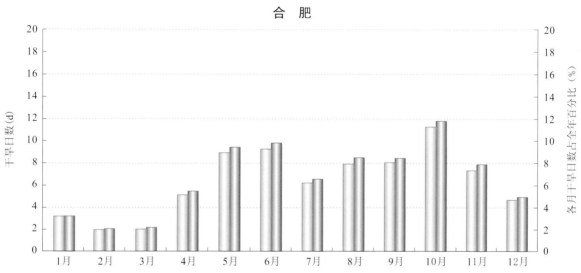

黄山市

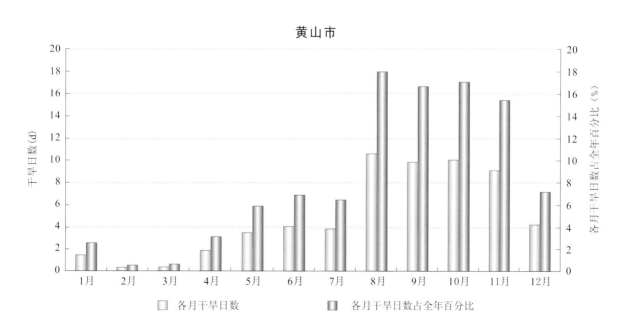

□ 各月干旱日数　　　　　▨ 各月干旱日数占全年百分比

145

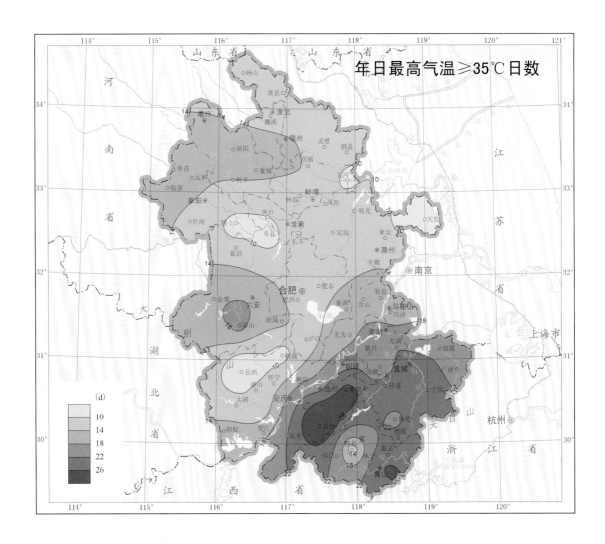

年日最高气温≥35℃日数

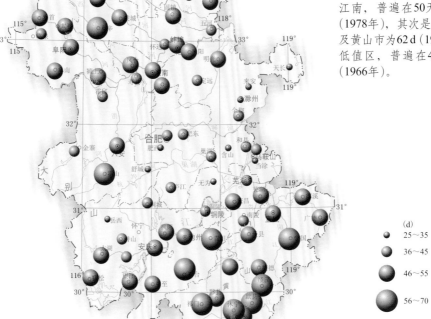

年日最高气温≥35℃日数极大值

全省年高温日数极大值呈现"三明治"分布型，高值区主要分布在沿淮淮北及江南，普遍在50天以上，最多石台达68 d（1978年），其次是霍山63 d（1967年），歙县及黄山市为62 d（1978年）；江淮之间为相对低值区，普遍在45 d以下，天长仅有26 d（1966年）。

比例尺　1∶5 000 000　　0　50　100km

最长连续高温日数

　　最长连续高温日数由北向南递增，江南为高值区，普遍在30 d左右，最长石台达55 d（1967年7月11日—9月3日），其次是休宁46 d（1967年7月16日—8月30日）；除金寨、六安、霍山、全椒、巢湖及合肥外，江北大部普遍在20 d以下。

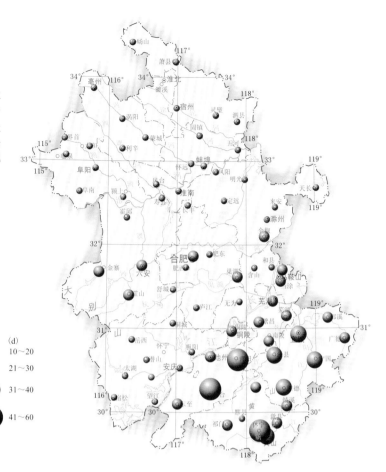

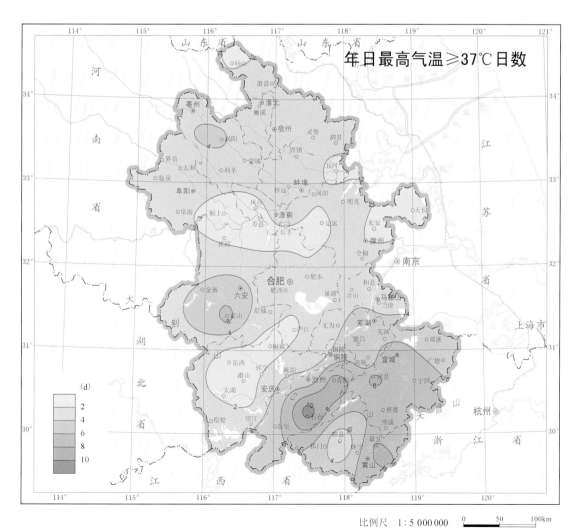

年日最高气温≥37℃日数

比例尺　1:5 000 000

年日最低气温≤0℃日数

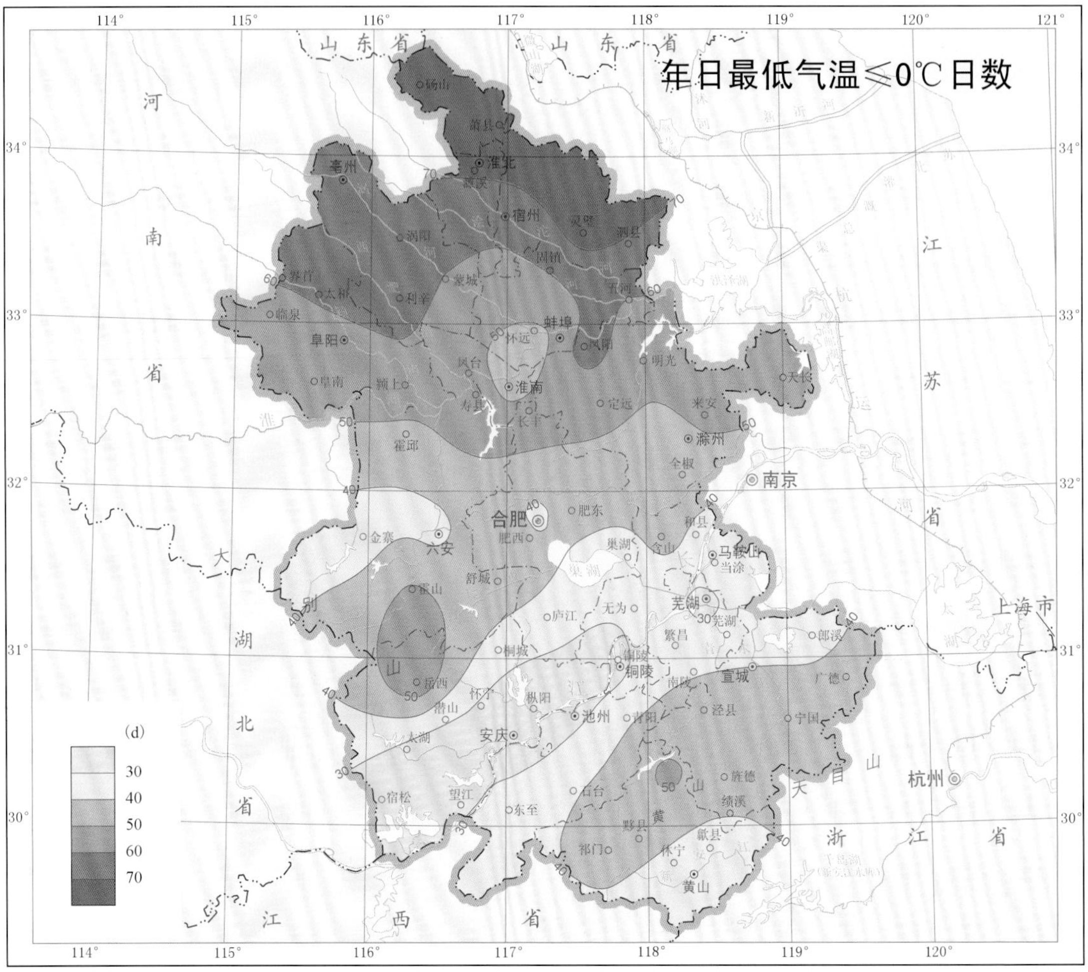

(d)
30
40
50
60
70

年日最低气温≤0℃日数极大值

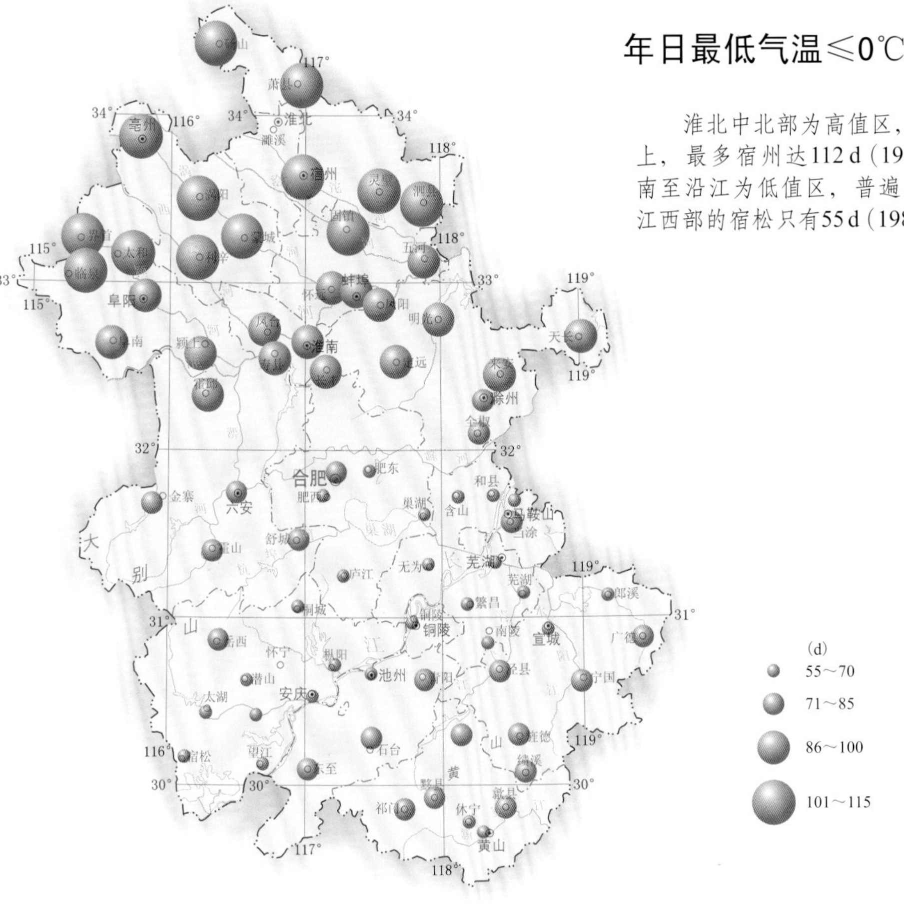

　　淮北中北部为高值区，普遍在100 d以上，最多宿州达112 d（1969年）；合肥以南至沿江为低值区，普遍在70 d以下，沿江西部的宿松只有55 d（1984年）。

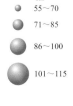

(d)
55～70
71～85
86～100
101～115

比例尺　1：5 000 000　　0　50　100km

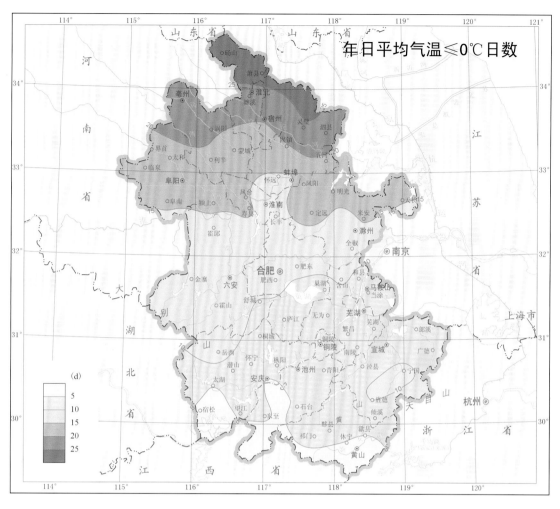

年日平均气温≤0℃日数

年日平均气温≤0℃日数极大值

　　沿淮淮北为高值区，普遍在50 d左右，最高砀山达63 d（1969年）；江南南部为低值区，黄山市仅有18 d（1984年）。

(d)
○ 15～30
○ 31～45
◯ 46～60
◯ 61～70

比例尺　1:5 000 000　　0　　50　　100km

149

年结冰日数

　　年结冰日数呈现北多南少空间分布。沿淮淮北为高值区，普遍在50 d以上，最多萧县达83.4 d；淮河以南大部普遍在50 d以下，其中沿江及江南南部为低值区，枞阳仅有25.1 d。

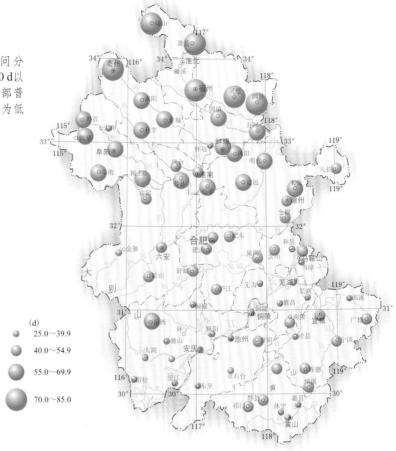

(d)
- 25.0～39.9
- 40.0～54.9
- 55.0～69.9
- 70.0～85.0

年雨凇日数

　　年雨凇日数高值区分布在淮北、大别山区南部及沿江西部，普遍在0.5 d以上，最大岳西2.0 d，其次是宿松1.0 d；低值区分布在江淮之间至沿江东部，一般在0.2 d以下。

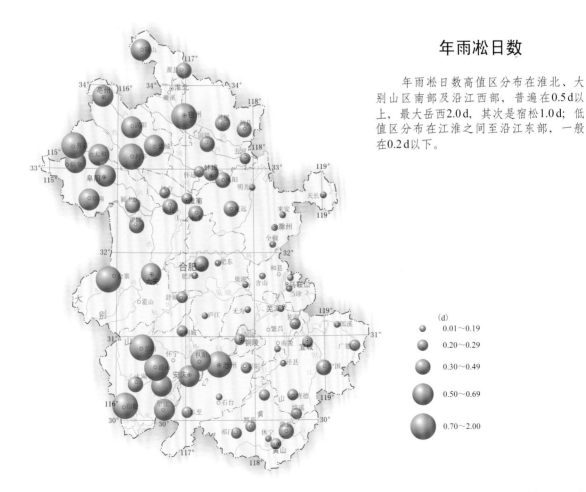

(d)
- 0.01～0.19
- 0.20～0.29
- 0.30～0.49
- 0.50～0.69
- 0.70～2.00

比例尺　1∶5 000 000　　0　50　100km

年大风日数

　　年大风日数高值区主要分布在沿江西部、皖东及沿淮淮北部分地区，最多桐城达11.1 d，其次是宿松9.9 d；低值区主要位于大别山区及江南大部，祁门仅有0.6 d。

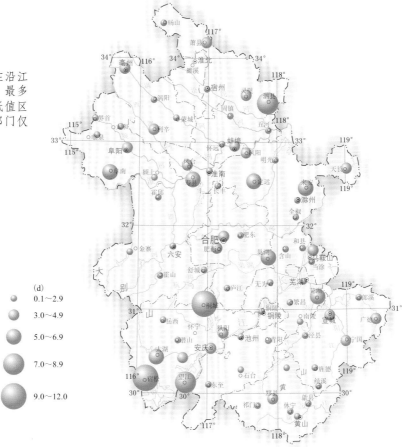

(d)
0.1～2.9
3.0～4.9
5.0～6.9
7.0～8.9
9.0～12.0

年大风日数极大值

　　年大风日数极大值高值区主要集中在沿淮东部及沿江大部，最多凤阳达90 d（1965年）；最少南陵仅有8 d（1963年）。

(d)
1～29
30～49
50～69
70～89
90～95

比例尺　1：5 000 000　　0　　50　　100km

151

年雷暴日数

雷暴日数空间分布呈现北少南多、平原少山区多的特征，35d以上的高值区主要位于大别山区及沿江江南，最多黄山市达49.7d，其次是黟县49.6d；沿淮淮北为低值区，普遍在25d以下，萧县仅有20.7d。

砀山

萧县

淮北

濉溪

117°

34° 34° 34°

116°

亳州

宿州

灵璧

泗县

涡阳

蒙城

固镇

五河

118°

118°

界首

太和

115°

利辛

33° 33°

临泉

怀远

蚌埠

115°

阜阳

凤阳

明光

119°

颍上

凤台

长

寿县

淮南

119°

长丰

定远

天长

霍邱

全椒

滁州

32° 32°

肥东

合肥

肥西

金寨

六安

含山

和县

舒城

巢湖

马鞍山

大

霍山

当涂

芜湖

庐江

无为

119°

繁昌

芜湖

别

桐城

铜陵

南陵

宣城

郎溪

31° 31°

山

岳西

怀宁

枞阳

广德

池州

潜山

宁国

太湖

安庆

泾县

青阳

119°

宿松

望江

旌德

116°

东至

绩溪

黄

祁门

黟县

歙县

30° 30° 30°

休宁

黄山

山

117°

118°

(d)
○ 20.0~24.9
● 25.0~29.9
● 30.0~39.9
● 40.0~50.0

比例尺　1 : 2 800 000　　0　　28　　56km

年雷暴日数极大值

年雷暴日数极大值空间分布呈现平原少山区多的特征，60 d 以上的高值区分布在大别山区及沿江江南，最多宁国达 89 d（1963年）；低值区分布在沿淮淮北，亳州（1963年）和利辛（1979年）仅有 40 d。

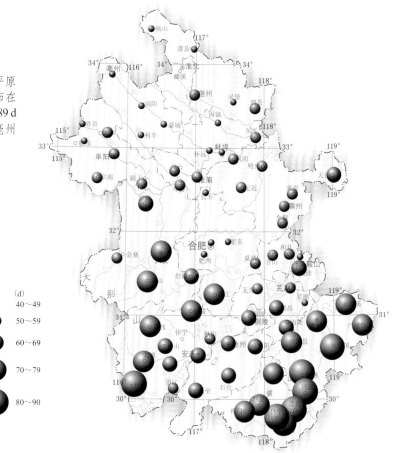

(d)
- 40~49
- 50~59
- 60~69
- 70~79
- 80~90

春季雷暴日数

春季雷暴日数空间分布呈现北少南多的特征，大别山区南部及江南大部为高值区，普遍在 10 d 以上，最多祁门达 14.9 d；沿淮淮北为低值区，涡阳仅有 3.4 d。

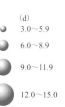

(d)
- 3.0~5.9
- 6.0~8.9
- 9.0~11.9
- 12.0~15.0

比例尺 1 : 5 000 000   0   50   100km

夏季雷暴日数

　　夏季雷暴日数空间分布北少南多、平原少山区多，高值区分布在大别山区及江南大部，普遍在24 d以上，最多岳西达30 d；低值区分布在江淮之间中部及沿淮淮北，界首仅有14.8 d。

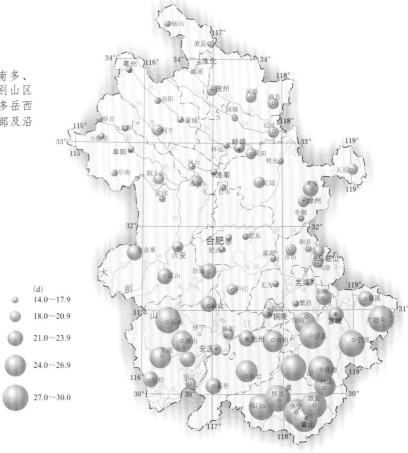

　　　　　　　　　　(d)

　○　14.0～17.9

　○　18.0～20.9

　●　21.0～23.9

　●　24.0～26.9

　●　27.0～30.0

秋季雷暴日数

　　秋季雷暴日数由北向南递增，高值区分布在大别山区及江南大部，最多黟县和黄山市有4.5 d；低值区分布在江淮之间中部及沿淮淮北，萧县仅有1.3 d。

　　　　　　　　　　(d)

　○　1.0～1.9

　○　2.0～2.9

　●　3.0～3.9

　●　4.0～5.0

比例尺　1 : 5 000 000　　　0　　50　　100km

冰雹总次数（1961—2010年合计）

　　1961—2010年冰雹总次数高值区分布在沿淮淮北东部及大别山区南部，普遍在30次以上，最多宿州达61次，其次是灵璧50次；沿淮中部及江淮之间南部相对较少，最少马鞍山仅有5次。

雨涝　干旱　高温　低温冻害　大风　雷暴　冰雹　台风　连阴雨　寒潮　雾　霾　雪　典型灾害个例

117°

116° 34° 34°

淮北
濉溪
34°

亳州

宿州

118°

涡阳

灵璧
泗县

蒙城
固镇

界首 34°
太和

利辛

33°
五河

临泉 115°

怀远
蚌埠
33°

115° 33°

凤阳

阜阳

明光

凤台
淮南
天长

119°

阜南
颍上

寿县
怀远
来安

119°

霍邱

定远

滁州

32°
全椒

肥东
合肥
32°

金寨
六安
肥西

含山 和县

马鞍山
当涂

霍山
舒城

芜湖

庐江
无为

芜湖

31°
郎溪

桐城

繁昌

大 别 山

岳西

铜陵
铜陵
南陵
宣城
广德

潜山
怀宁

枞阳
青阳
泾县
宁国

31° 31°

太湖
安庆
池州

石台
黄

庐江
旌德

116°
119°

宿松
望江
东至
黟县

（次）
● 5～20
● 21～30
● 31～40
● 41～70

30°
30°

祁门
歙县
休宁
黄山

30°

117°
118°

155

影响安徽的台风主要路径示意图

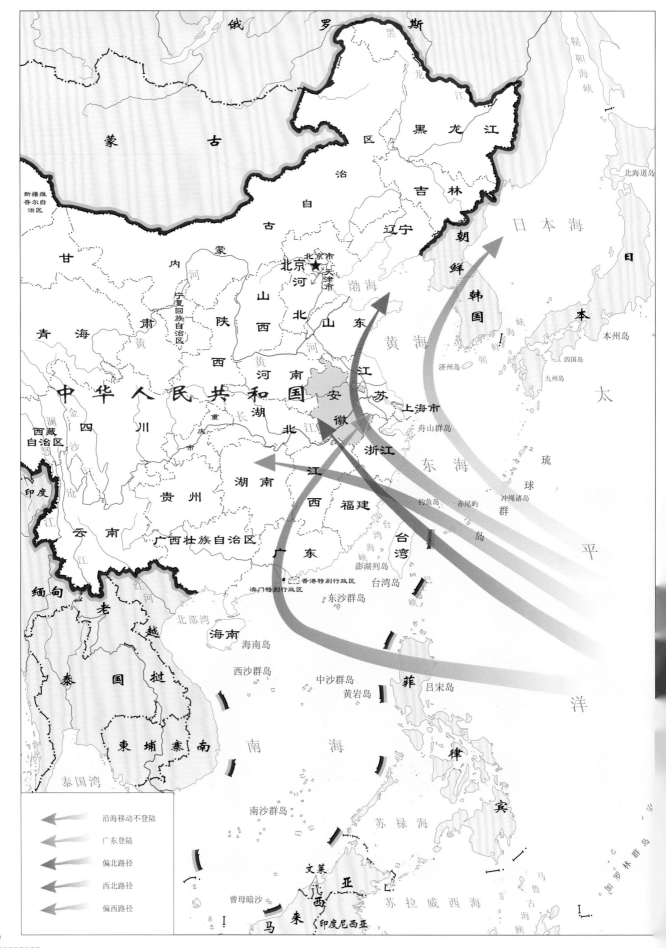

灾害性天气气候图

安徽省气候图集

Climatological Atlas of Anhui Province

沿海移动不登陆

广东登陆

偏北路径

西北路径

偏西路径

156

比例尺 1 : 25 000 000

0   250   500km

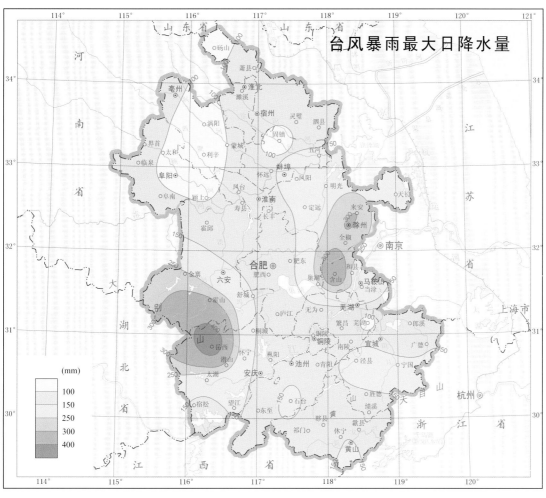

台风暴雨最大日降水量

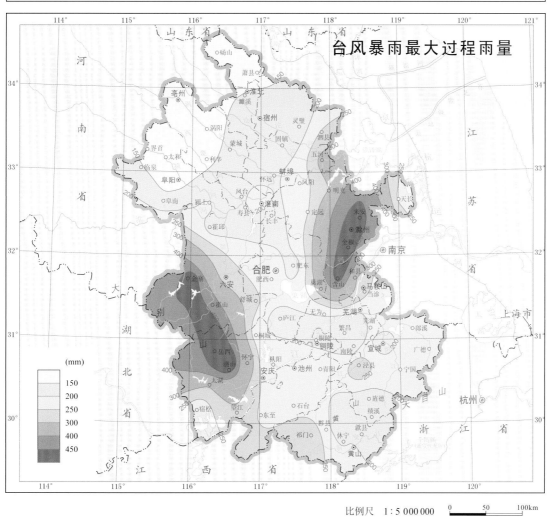

台风暴雨最大过程雨量

比例尺　1:5 000 000

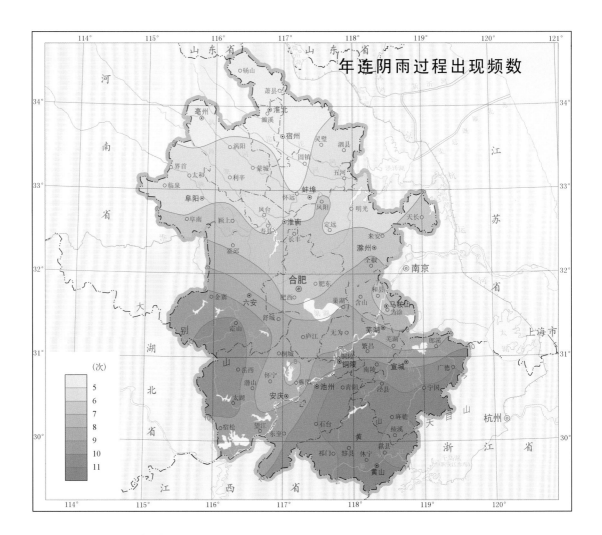

年连阴雨过程出现频数

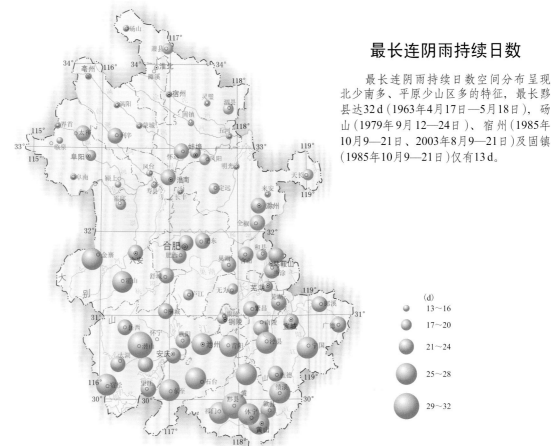

最长连阴雨持续日数

　　最长连阴雨持续日数空间分布呈现北少南多、平原少山区多的特征，最长黟县达32 d（1963年4月17日—5月18日），砀山（1979年9月12—24日）、宿州（1985年10月9—21日、2003年8月9—21日）及固镇（1985年10月9—21日）仅有13 d。

安徽省气候图集

Climatological Atlas of Anhui Province

比例尺　1∶5 000 000

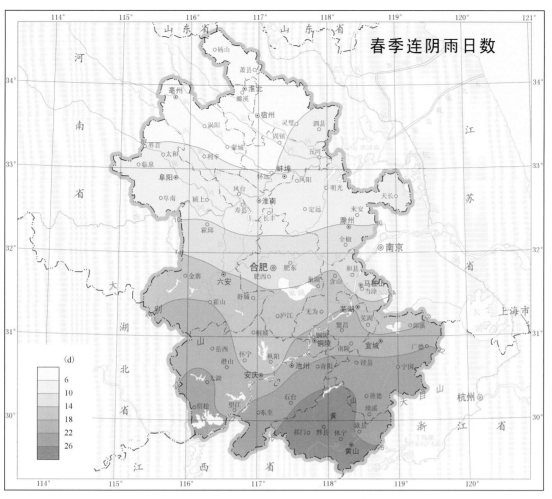

春季连阴雨日数

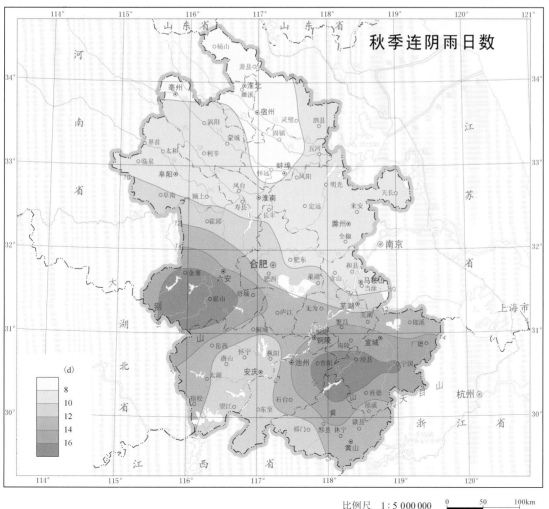

秋季连阴雨日数

比例尺 1:5 000 000   0   50   100km

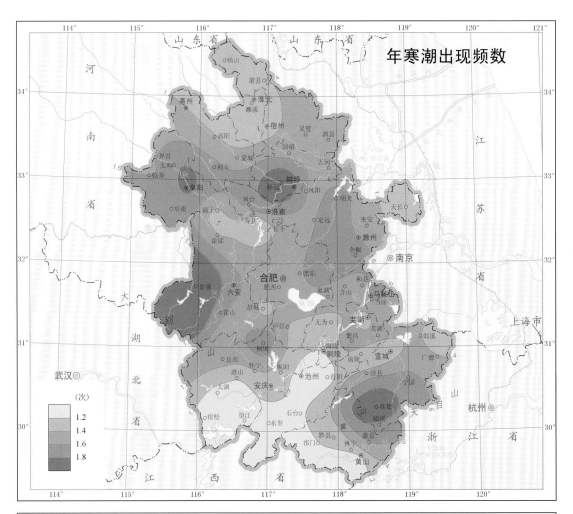

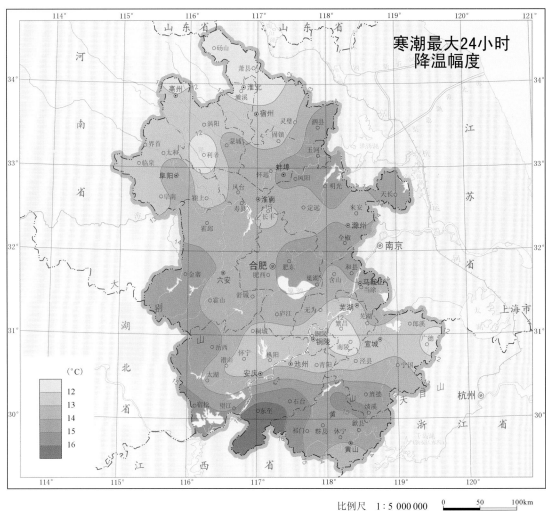

比例尺 1:5 000 000

年雾日数

　　年雾日数达30 d以上的高值区分布在皖南山区及大别山区的部分地区，最多黄山区达95 d，其次是祁门73.1 d，再次是岳西67.8 d，其他地区普遍少于30 d，最少太湖仅有4.8 d。

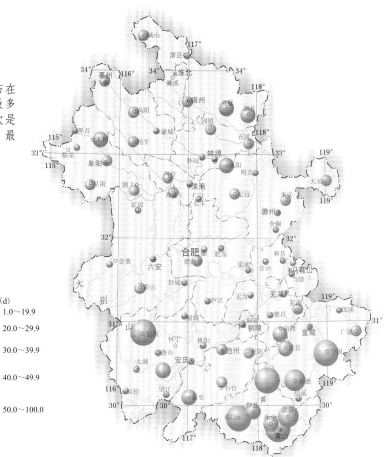

(d)
- ○ 1.0～19.9
- ● 20.0～29.9
- ● 30.0～39.9
- ● 40.0～49.9
- ● 50.0～100.0

年雾日数极大值

　　年雾日数极大值高值区分布在皖南山区、大别山区和淮北的部分地区，达50 d以上，最多黄山区达122 d（1991年），江淮之间南部为低值区，普遍在30 d以下，太湖仅有12 d（1993年）。

(d)
- ○ 10～29
- ● 30～49
- ● 50～69
- ● 70～89
- ● 90～130

比例尺　1：5 000 000　　0　50　100km

典型代表站四季雾日数

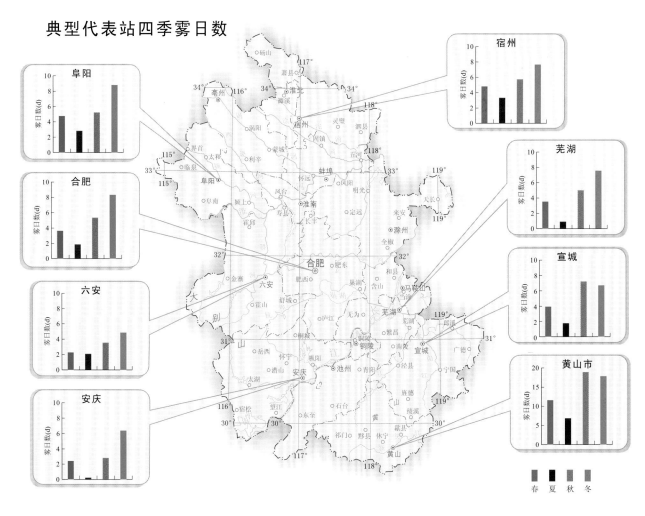

年霾日数

年霾日数高值区主要集中在合肥、淮南、池州、芜湖等地。年霾日数最多为合肥69 d，其次是池州48 d，其他地区普遍在25 d以下。

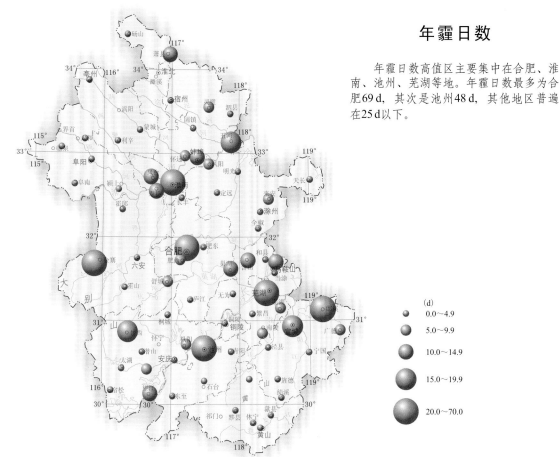

比例尺　1 : 5 000 000

年霾日数极大值

年霾日数极大值空间分布皖南和皖北较少，沿淮至沿江较多，特别是规模较大的城市为霾的高发区。最多为合肥达 177 d（2010年），其次是蚌埠176 d（2010年），最少泾县及黄山区仅有1 d。

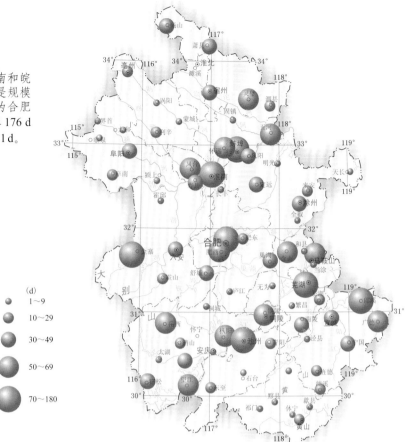

典型代表站四季霾日数

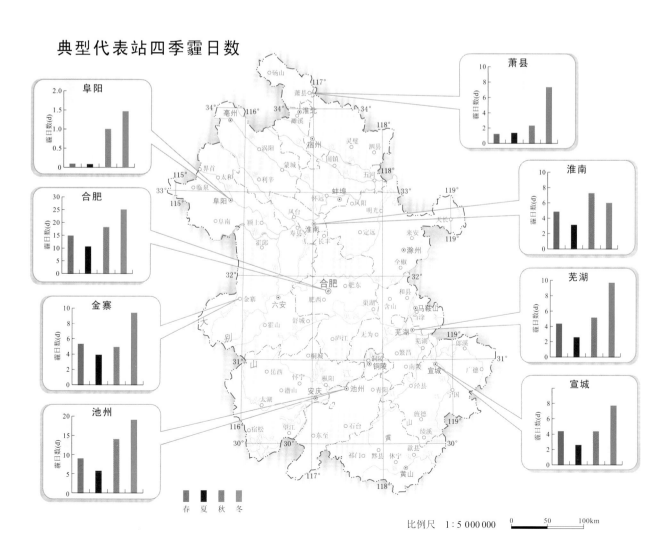

春 夏 秋 冬

比例尺　1 : 5 000 000　　0　50　100km

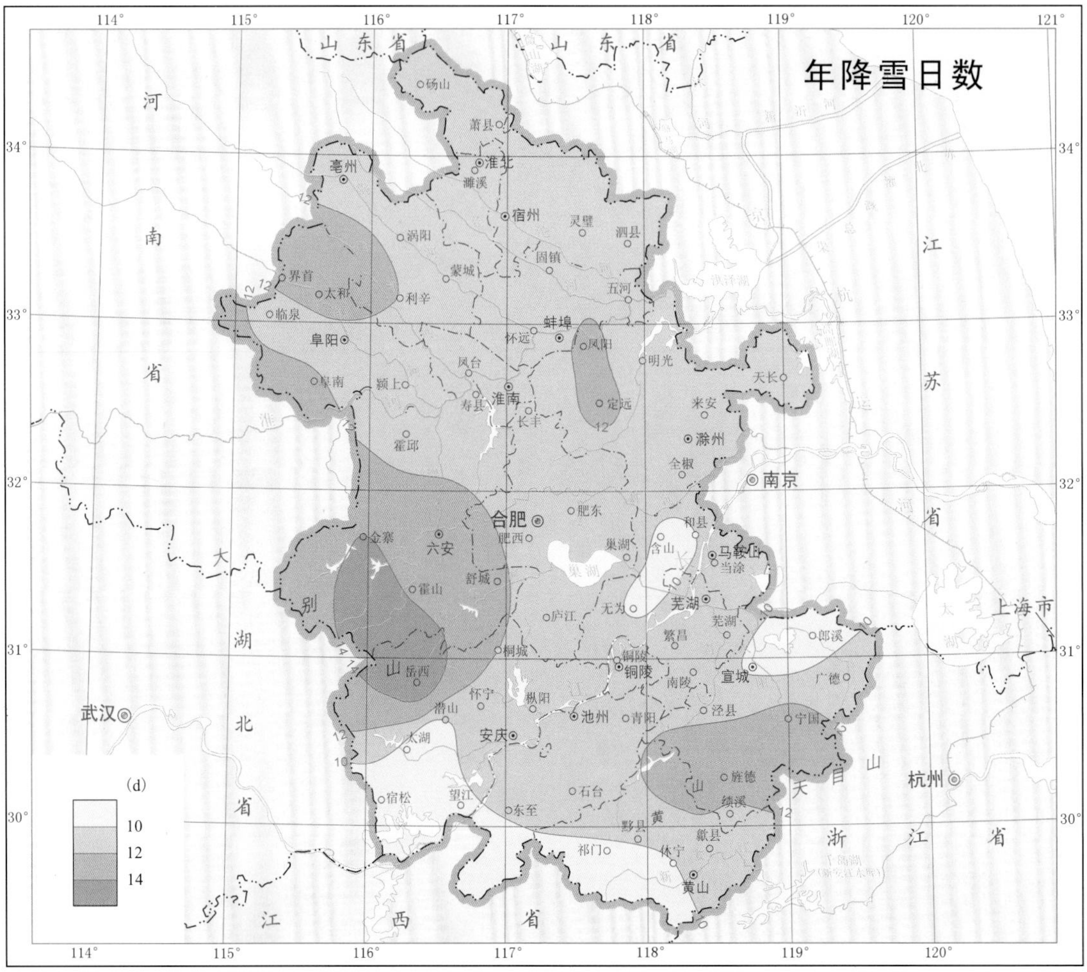

年降雪日数

(d)	
	10
	12
	14

年降雪日数极大值

　　年降雪日数极大值空间分布差异较小，东部地区相对较少，最多霍山达39 d（1974年），其次六安为37 d（1974年），最少马鞍山仅有21 d（1977年）。

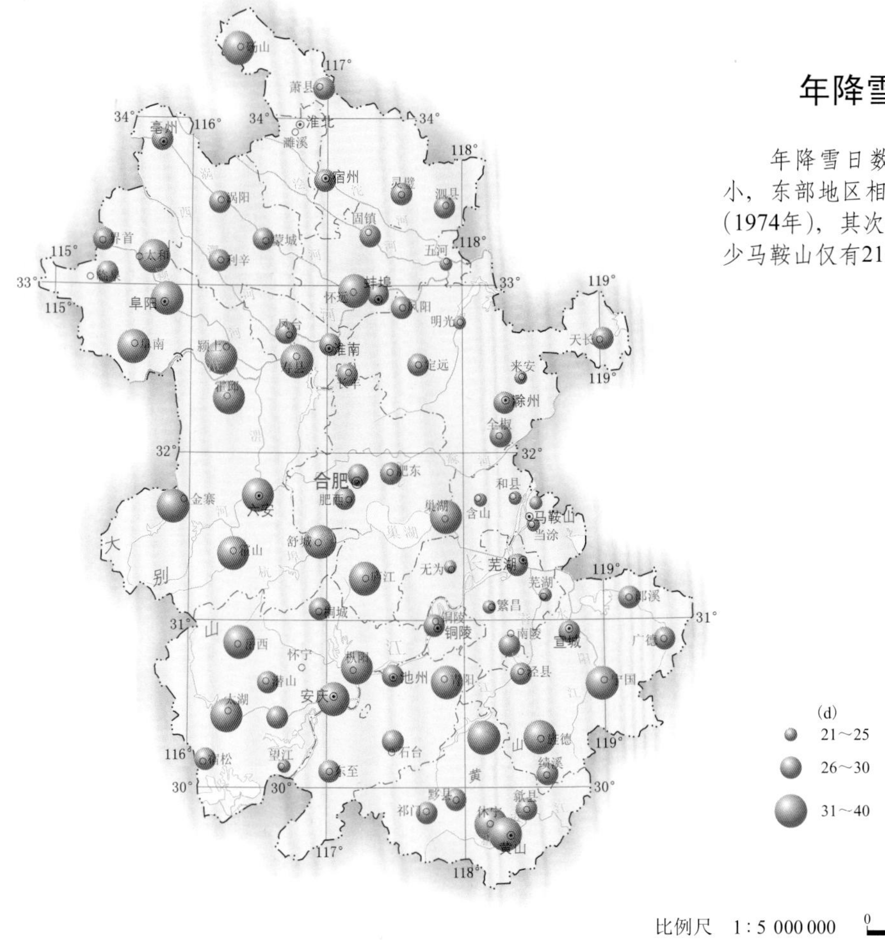

(d)	
●	21～25
●	26～30
●	31～40

比例尺　1：5 000 000　　0　　50　　100km

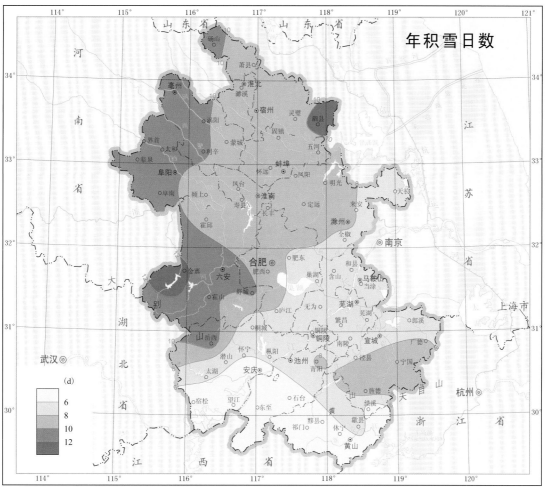

年积雪日数

(d)
6
8
10
12

年积雪日数极大值

　　年积雪日数极大值高值区主要分布在淮北西北部、大别山区及皖南山区的部分地区，普遍在35 d以上，最多亳州(1969年)及岳西(2008年)达43 d，其次涡阳(1969年)及广德(1977年)为41 d；江淮之间中东部及沿江江南西南部为低值区，最少天长(1969年)及东至(1977年)仅有21 d。

(d)
21~25
26~30
31~35
36~40
41~45

比例尺 1:5 000 000
0 50 100km

165

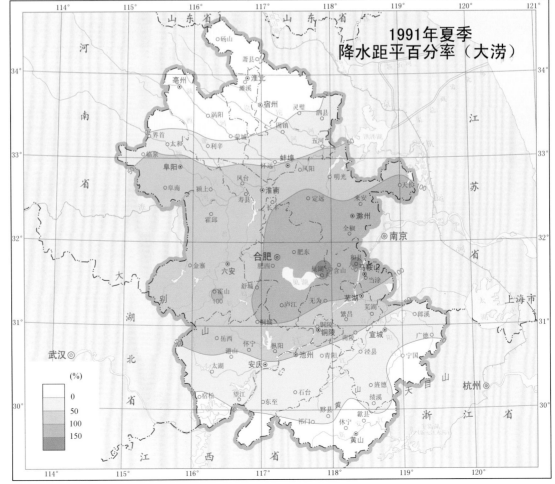

1978年4—10月
降水距平百分率（大旱）

(%)
10
-10
-30
-50
-70

1991年夏季
降水距平百分率（大涝）

(%)
0
50
100
150

比例尺　1：5 000 000　　　0　　50　　100km

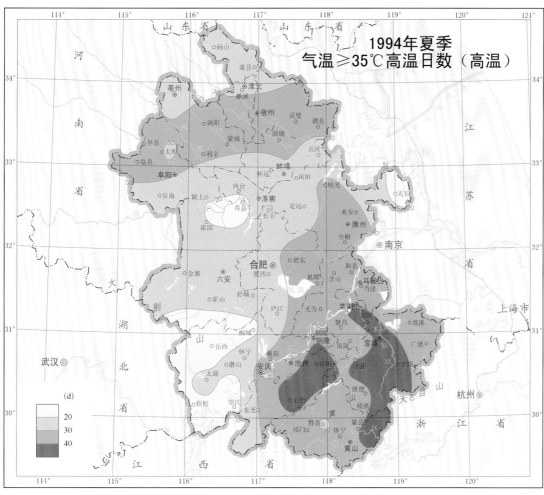

比例尺　1:5 000 000

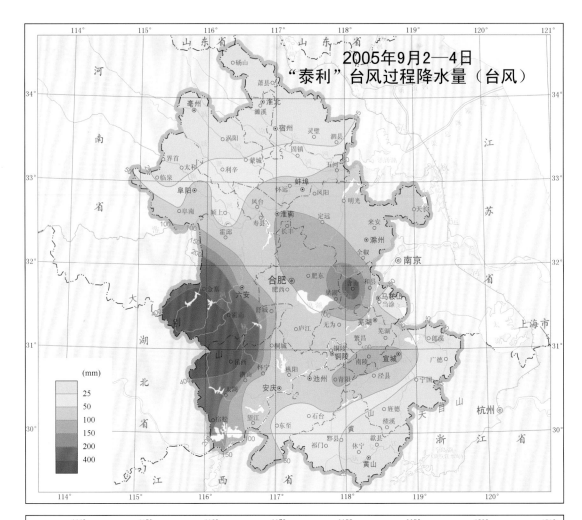

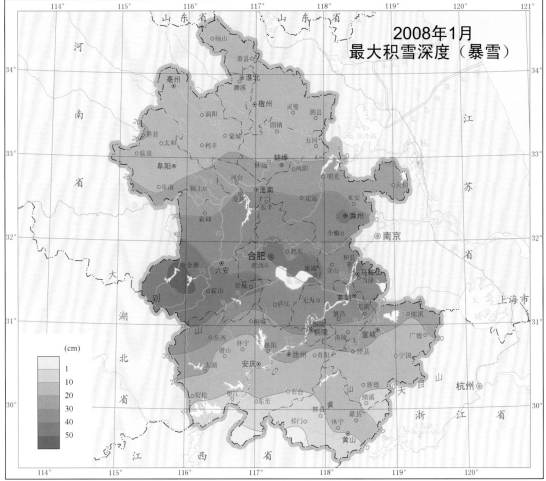

比例尺 1 : 5 000 000

序图

基本气候图

灾害性天气气候图

应用气候图

气候变化图

农业气候及区划

气象灾害风险区划

工程气候

风能及太阳能资源

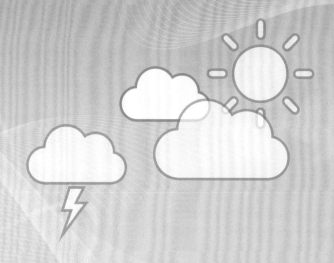

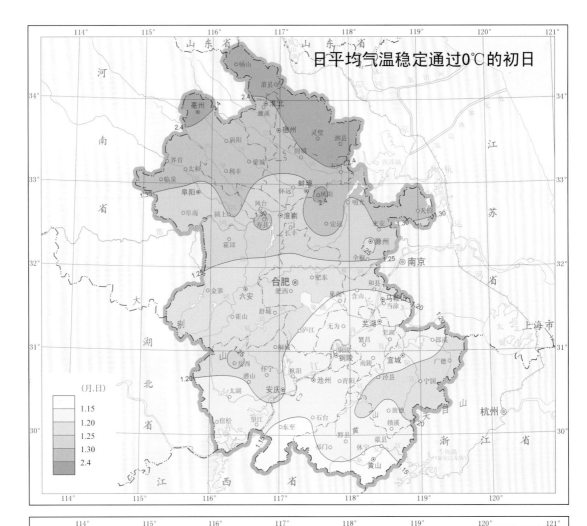

日平均气温稳定通过0℃的初日

	(月.日)
	1.15
	1.20
	1.25
	1.30
	2.4

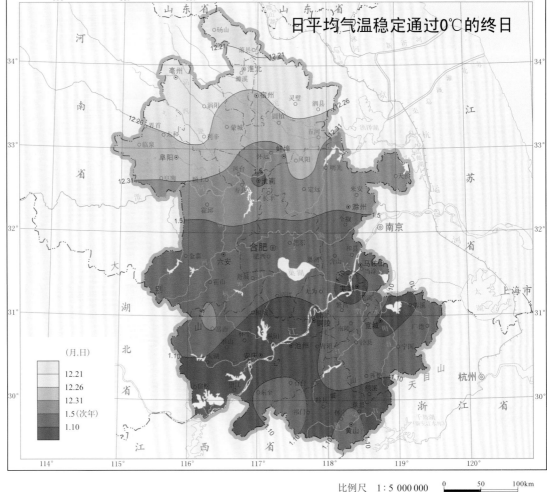

日平均气温稳定通过0℃的终日

	(月.日)
	12.21
	12.26
	12.31
	1.5(次年)
	1.10

比例尺 1:5 000 000　　0　50　100km

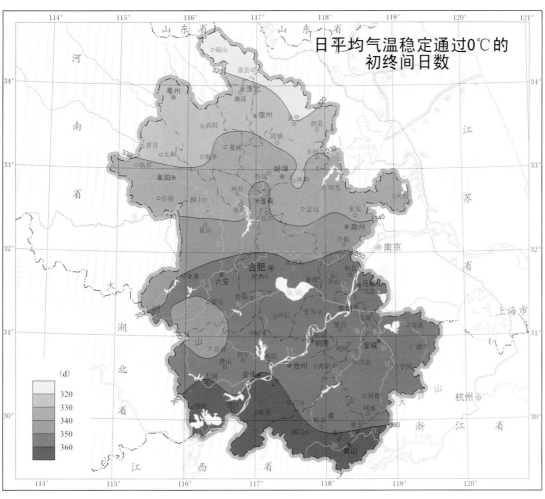

日平均气温稳定通过0℃的
初终间日数

(d)
320
330
340
350
360

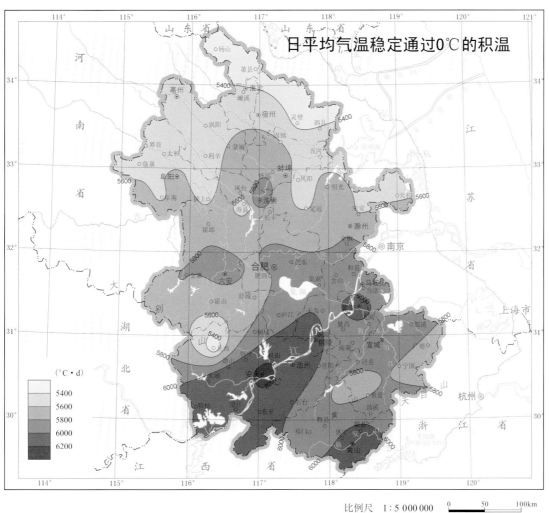

日平均气温稳定通过0℃的积温

(℃·d)
5400
5600
5800
6000
6200

171

比例尺 1:5 000 000   0   50   100km

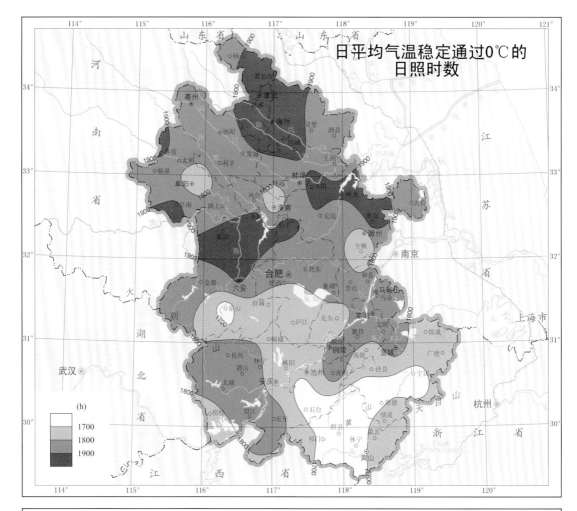

日平均气温稳定通过0℃的
日照时数

(h)
1700
1800
1900

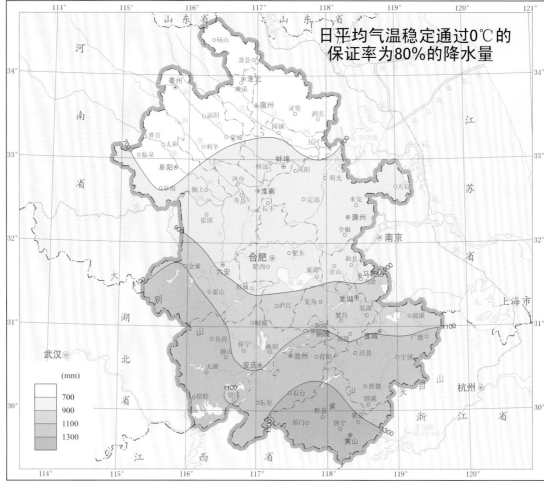

日平均气温稳定通过0℃的
保证率为80%的降水量

(mm)
700
900
1100
1300

比例尺 1:5 000 000   0   50   100km

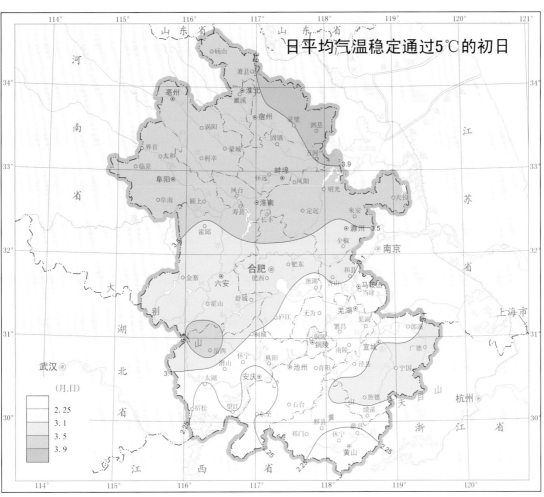

日平均气温稳定通过5℃的初日

(月.日)
- 2.25
- 3.1
- 3.5
- 3.9

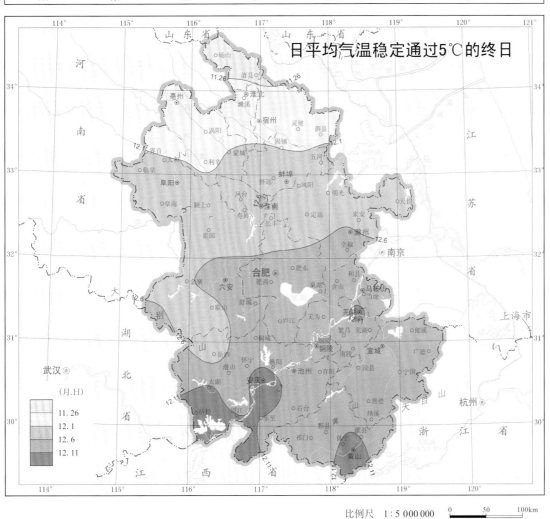

日平均气温稳定通过5℃的终日

(月.日)
- 11.26
- 12.1
- 12.6
- 12.11

比例尺 1:5 000 000   0   50   100km

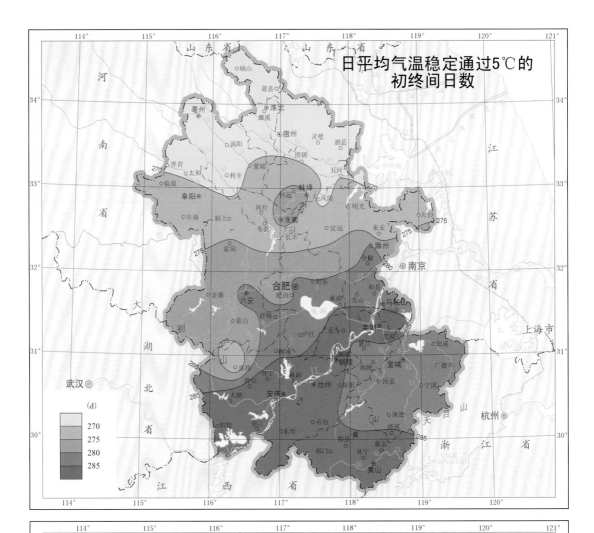

日平均气温稳定通过5℃的
初终间日数

(d)
270
275
280
285

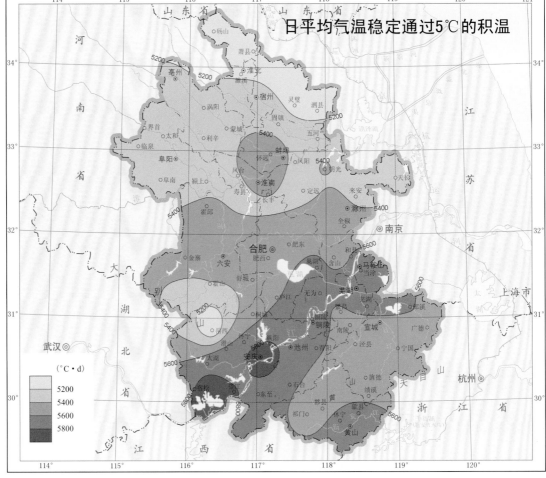

日平均气温稳定通过5℃的积温

(℃·d)
5200
5400
5600
5800

比例尺　1 : 5 000 000　　0　　50　　100km

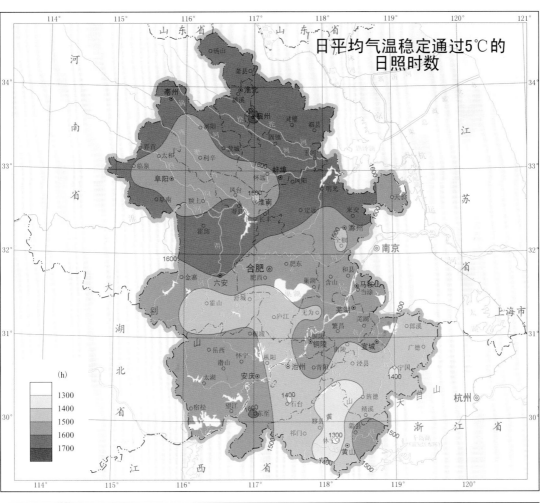

日平均气温稳定通过5℃的
日照时数

日平均气温稳定通过5℃的
保证率为80%的降水量

比例尺 1:5 000 000

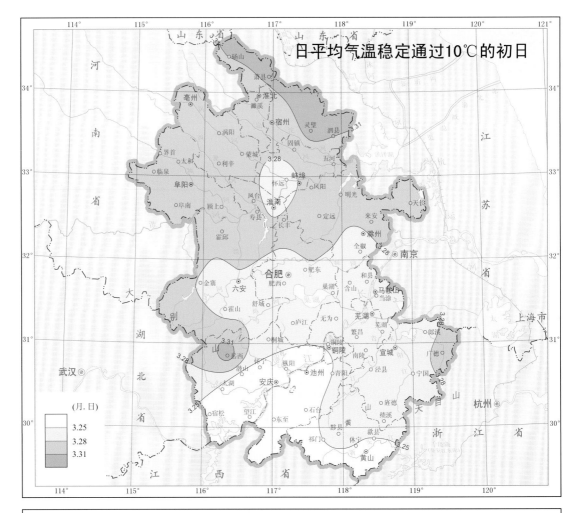

日平均气温稳定通过10℃的初日

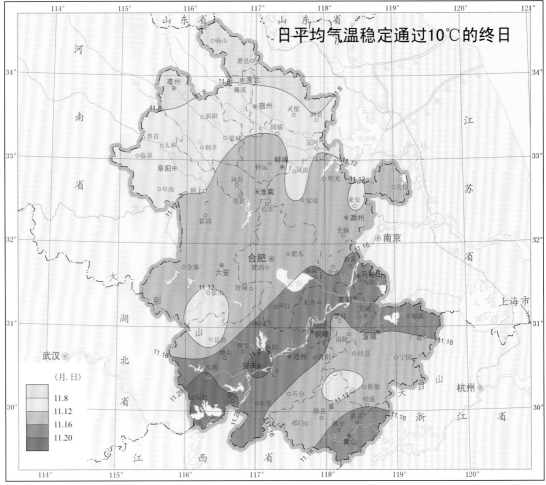

日平均气温稳定通过10℃的终日

比例尺　1：5 000 000

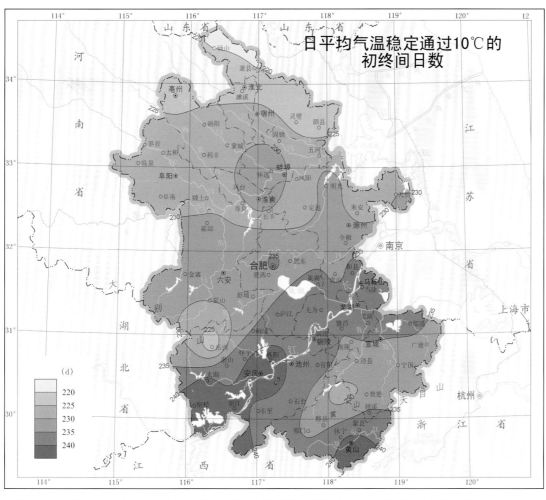

日平均气温稳定通过10℃的
初终间日数

(d)

220
225
230
235
240

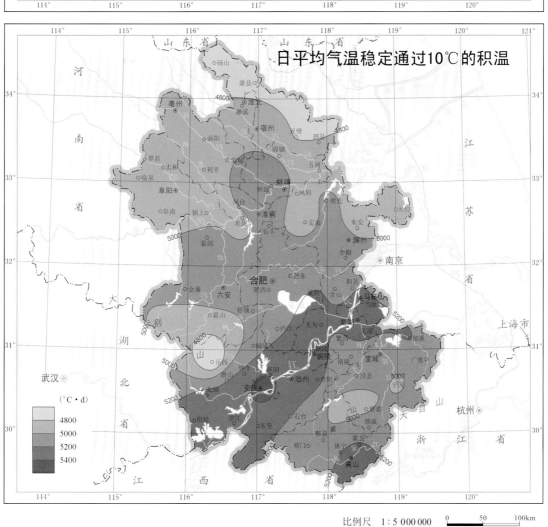

日平均气温稳定通过10℃的积温

(℃·d)

4800
5000
5200
5400

比例尺　1∶5 000 000　　0　　50　　100km

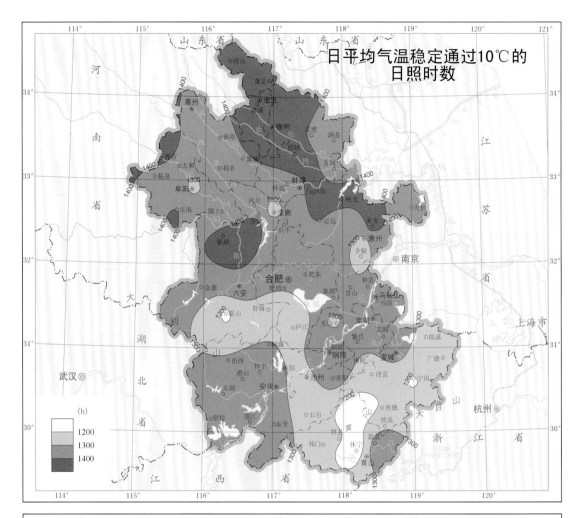

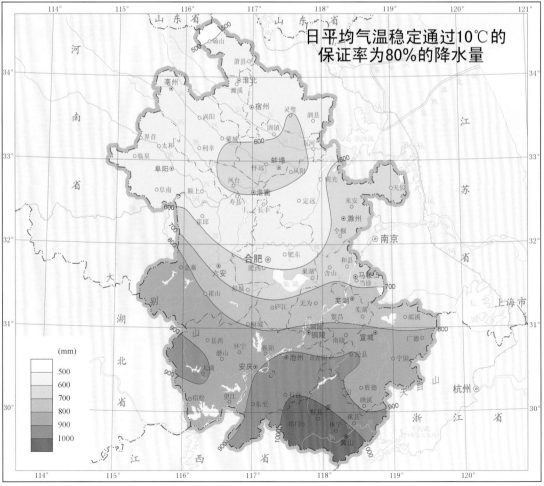

比例尺 1:5 000 000

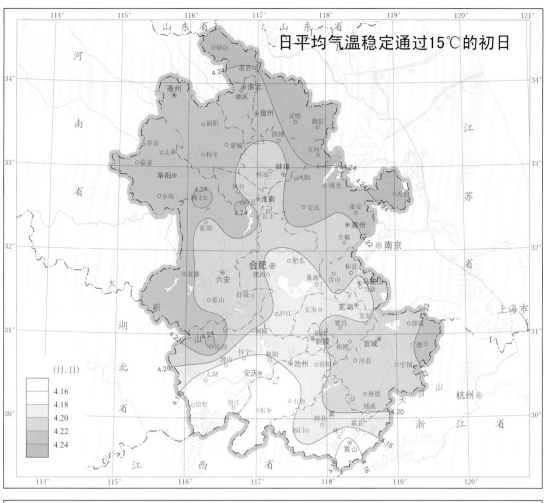

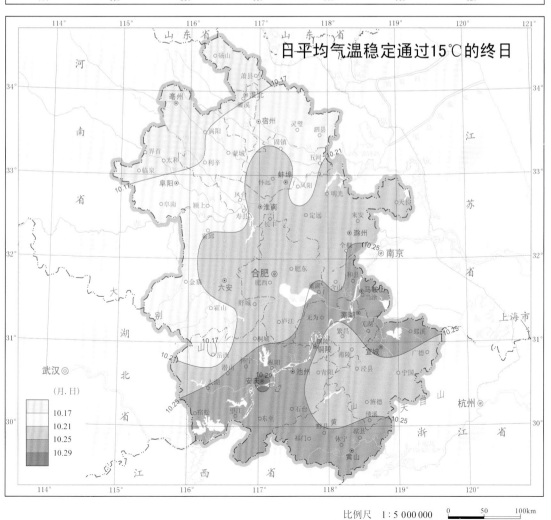

比例尺 1:5 000 000

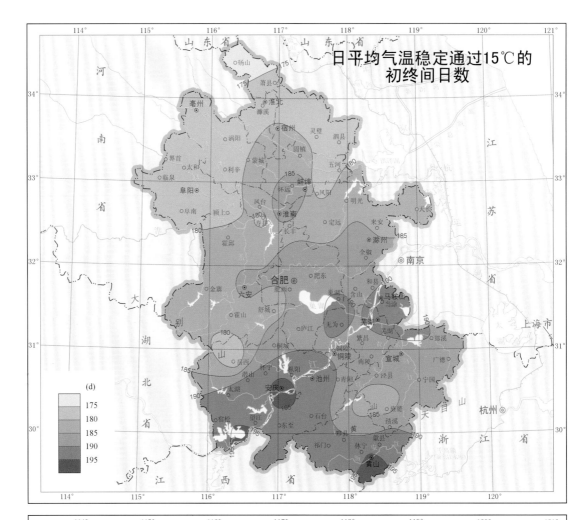

日平均气温稳定通过15℃的初终间日数

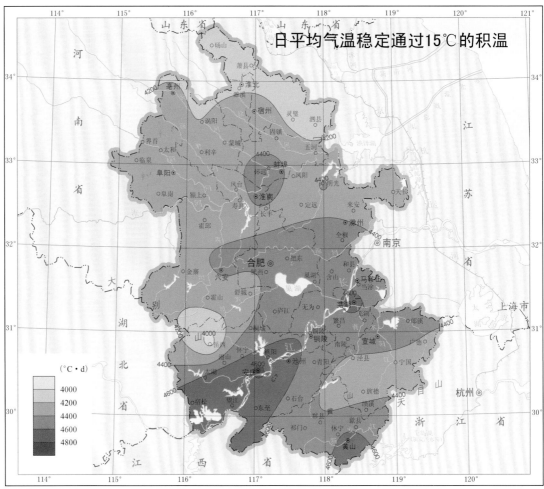

日平均气温稳定通过15℃的积温

比例尺 1:5 000 000

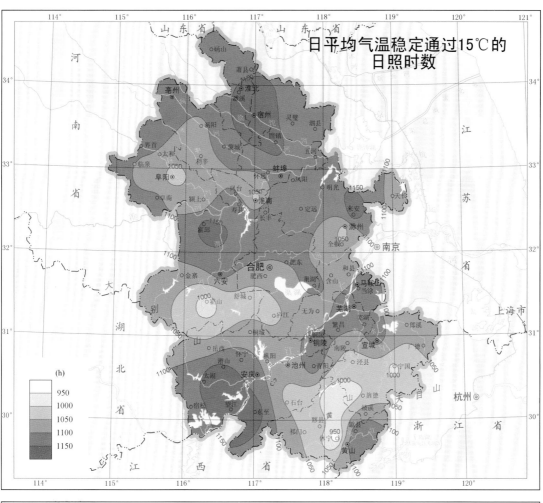

日平均气温稳定通过15℃的
日照时数

日平均气温稳定通过15℃的
保证率为80%的降水量

比例尺　1:5 000 000　　0　　50　　100km

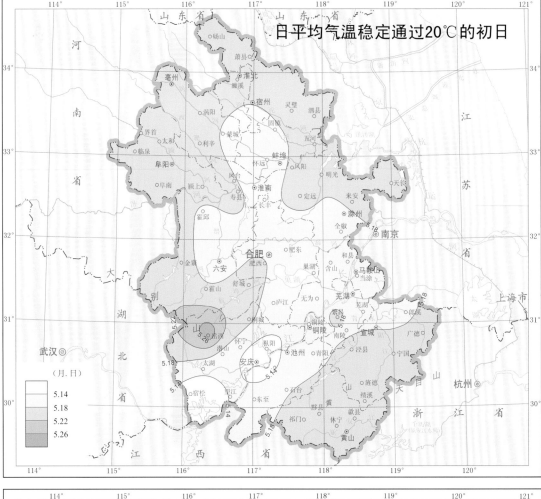

日平均气温稳定通过20℃的初日

（月.日）

	5.14
	5.18
	5.22
	5.26

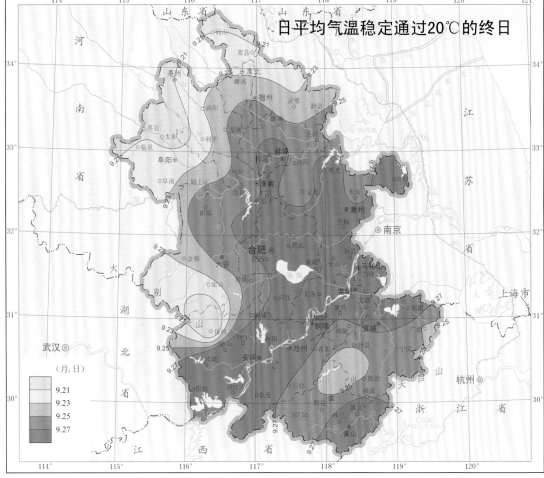

日平均气温稳定通过20℃的终日

（月.日）

	9.21
	9.23
	9.25
	9.27

比例尺　1:5 000 000　　0　　50　　100km

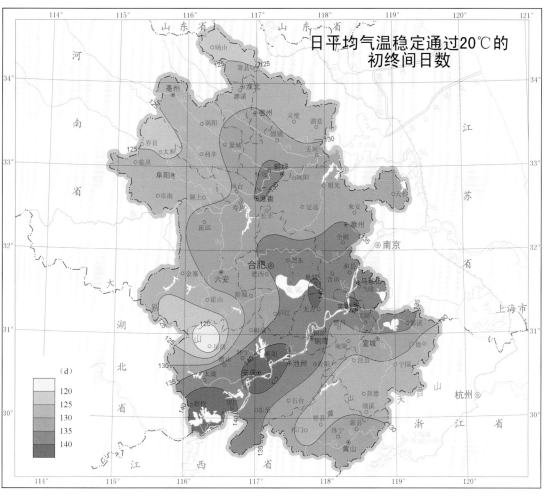

日平均气温稳定通过20℃的
初终间日数

(d)
120
125
130
135
140

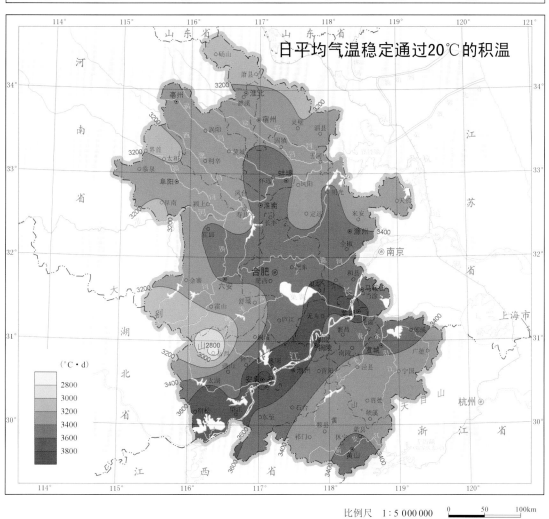

日平均气温稳定通过20℃的积温

(℃·d)
2800
3000
3200
3400
3600
3800

比例尺　1:5 000 000　　0　50　100km

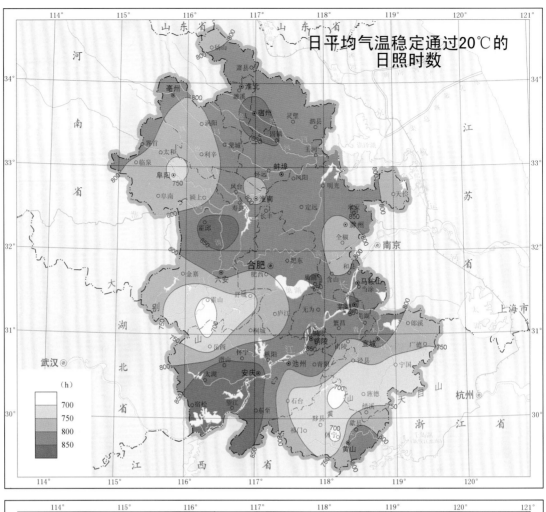

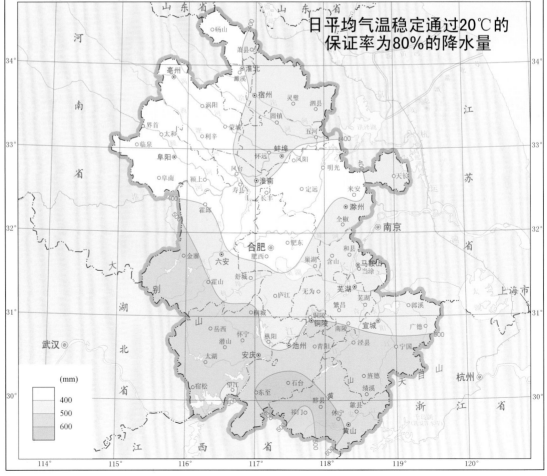

比例尺 1:5 000 000

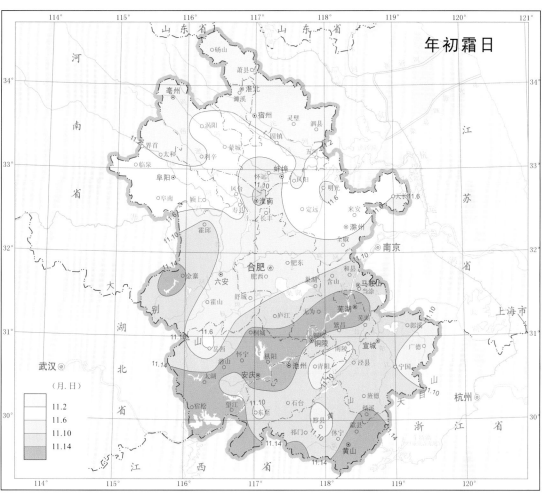

年初霜日

年终霜日

比例尺 1:5 000 000　　0　50　100km

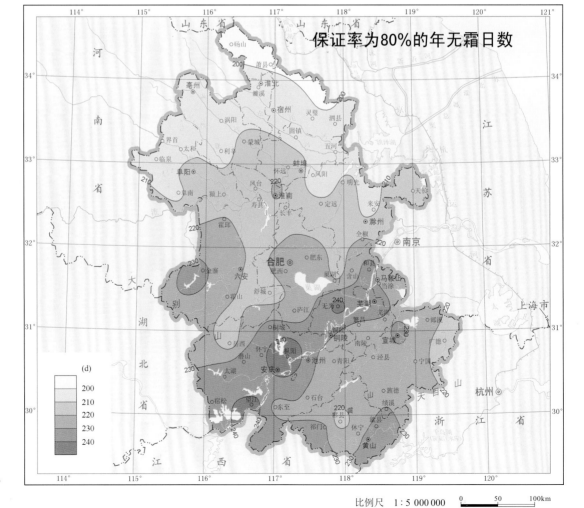

比例尺　1：5 000 000

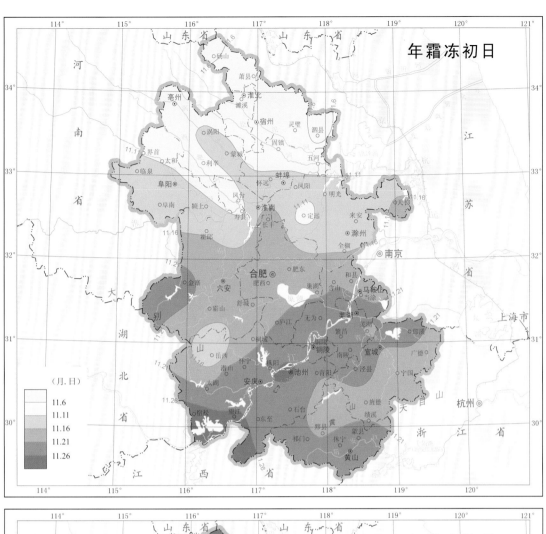

年霜冻初日

（月.日）
11.6
11.11
11.16
11.21
11.26

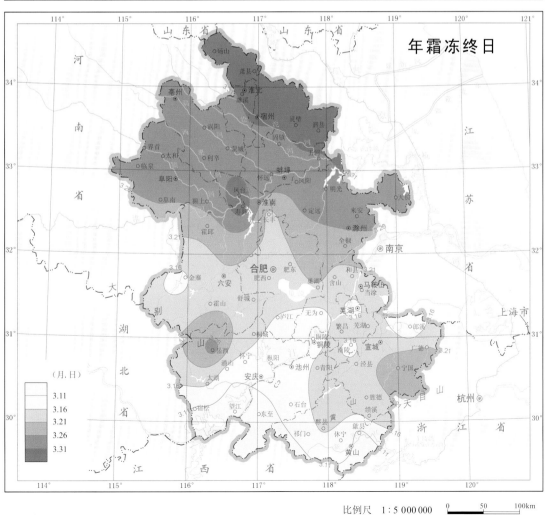

年霜冻终日

（月.日）
3.11
3.16
3.21
3.26
3.31

比例尺 1：5 000 000   0 50 100km

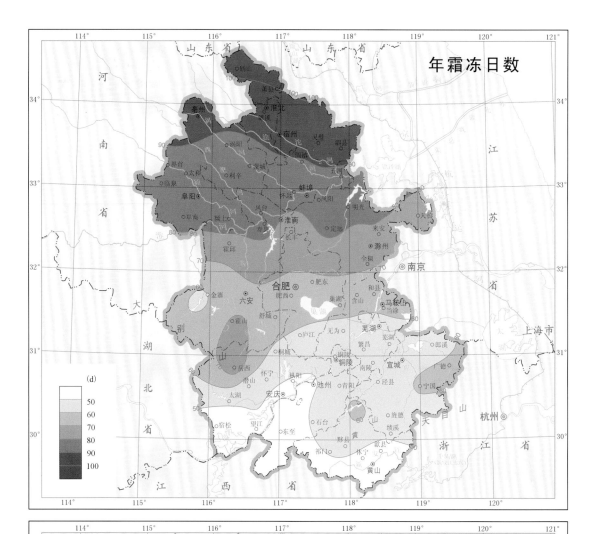

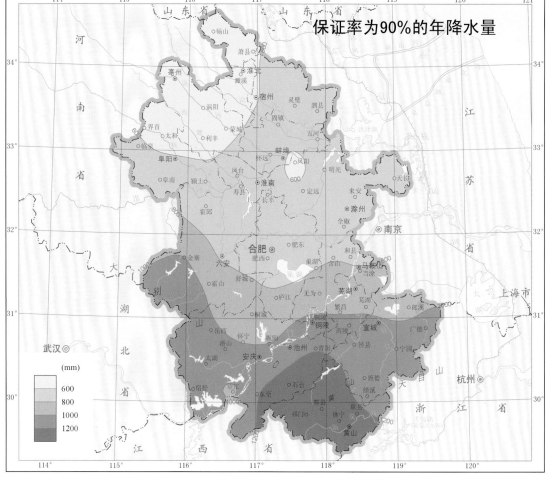

比例尺 1:5 000 000

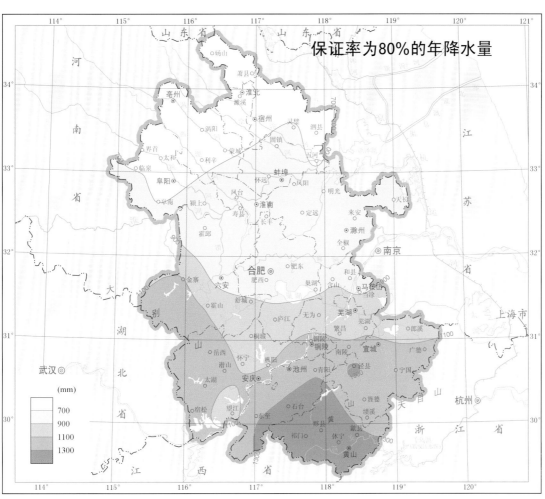

保证率为80%的年降水量

(mm)
700
900
1100
1300

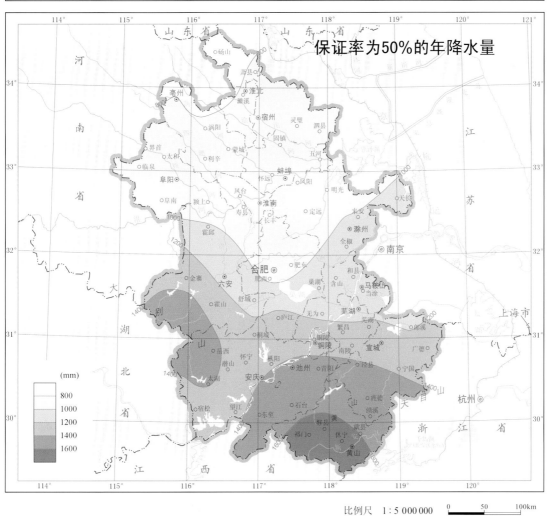

保证率为50%的年降水量

(mm)
800
1000
1200
1400
1600

189

比例尺　1:5 000 000　　0　50　100km

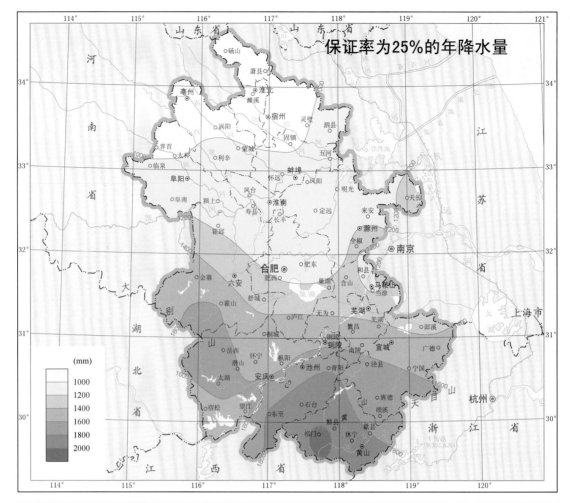

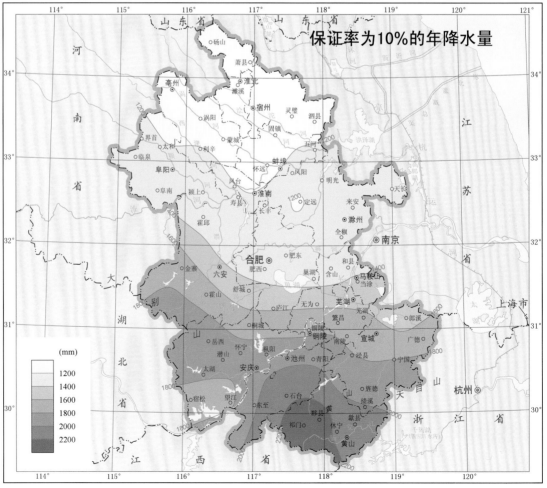

比例尺 1:5 000 000   0   50   100km

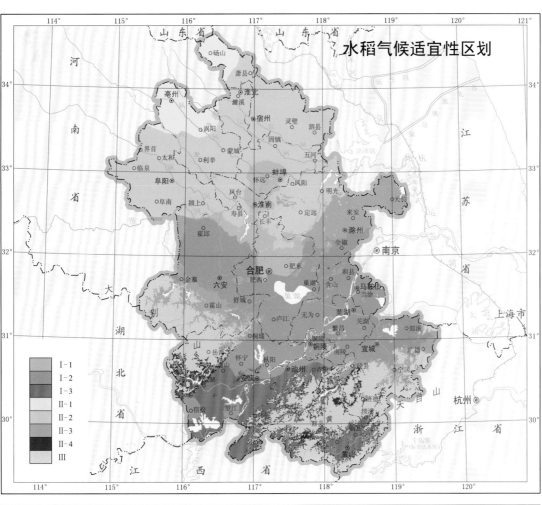

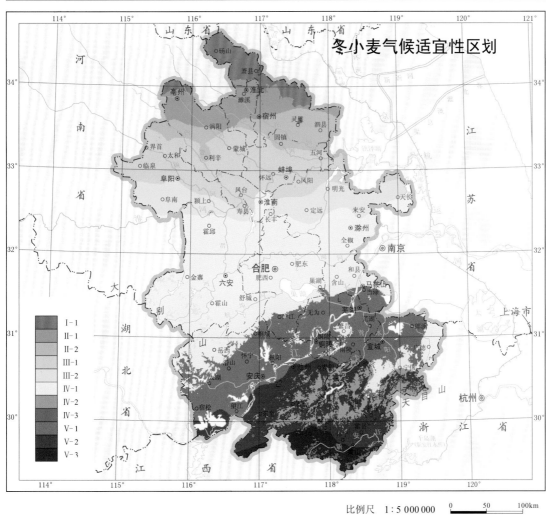

比例尺 1:5 000 000

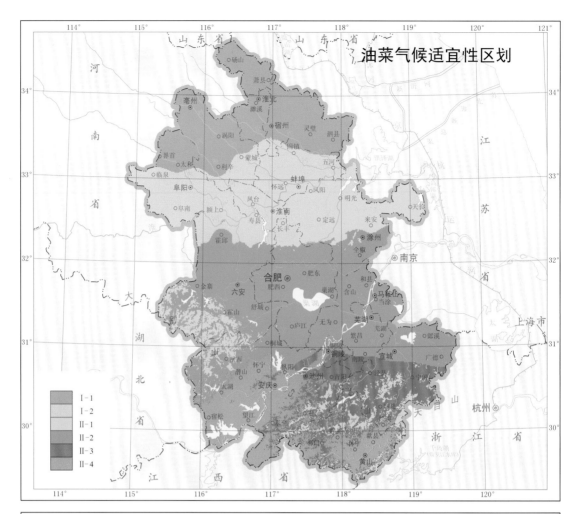

油菜气候适宜性区划

I-1
I-2
II-1
II-2
II-3
II-4

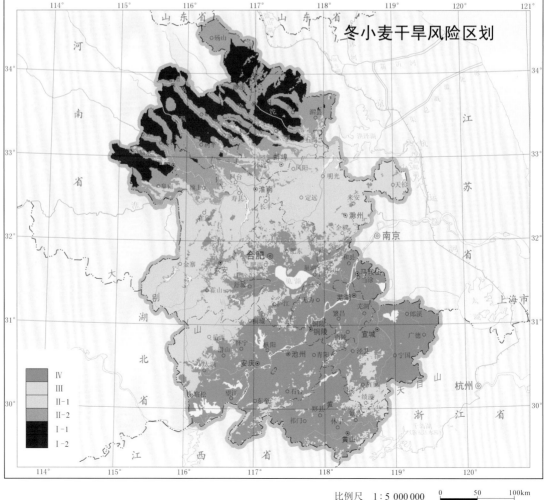

冬小麦干旱风险区划

IV
III
II-1
II-2
I-1
I-2

比例尺　1:5 000 000　　0　　50　　100km

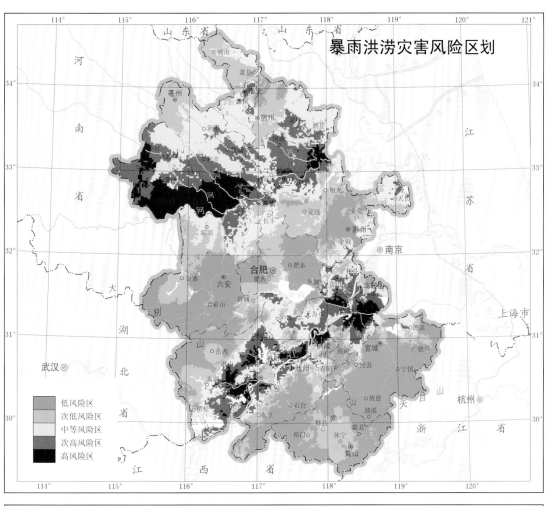

暴雨洪涝灾害风险区划

低风险区
次低风险区
中等风险区
次高风险区
高风险区

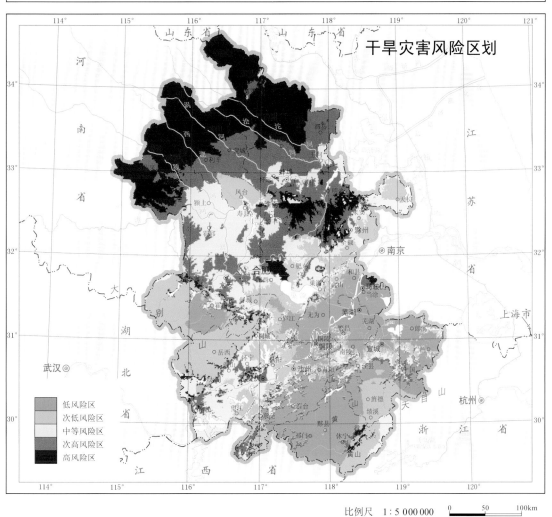

干旱灾害风险区划

低风险区
次低风险区
中等风险区
次高风险区
高风险区

193

比例尺 1 : 5 000 000   0   50   100km

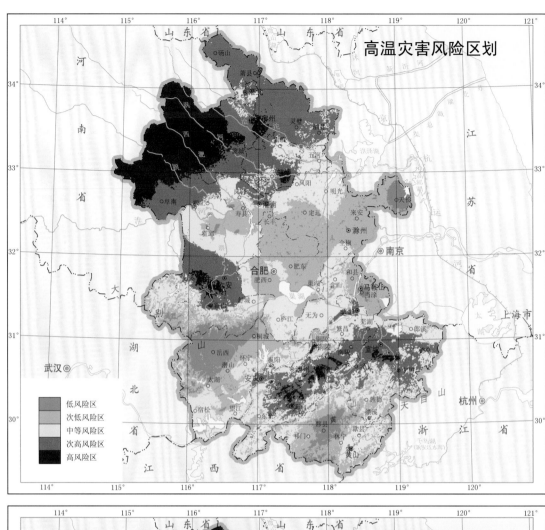

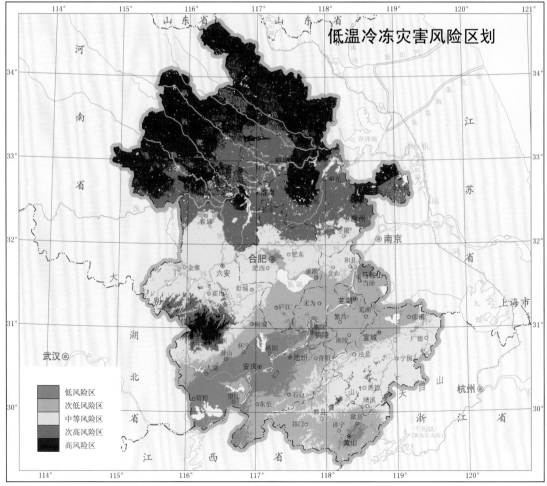

比例尺 1 : 5 000 000

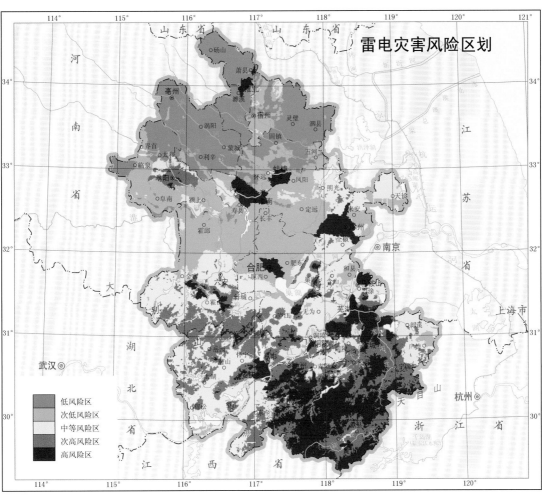

雷电灾害风险区划

低风险区
次低风险区
中等风险区
次高风险区
高风险区

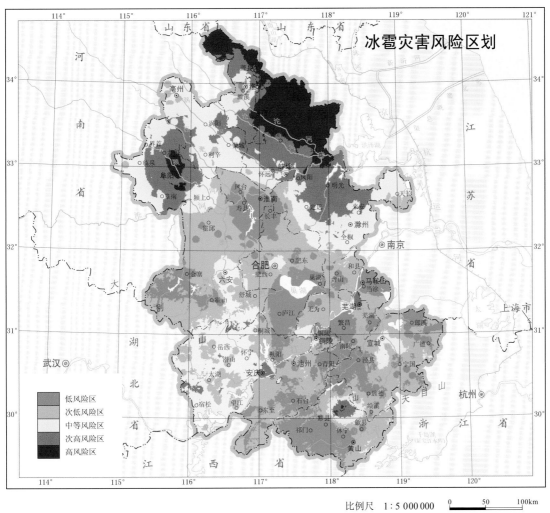

冰雹灾害风险区划

低风险区
次低风险区
中等风险区
次高风险区
高风险区

195

比例尺　1：5 000 000　　　0　　50　　100km

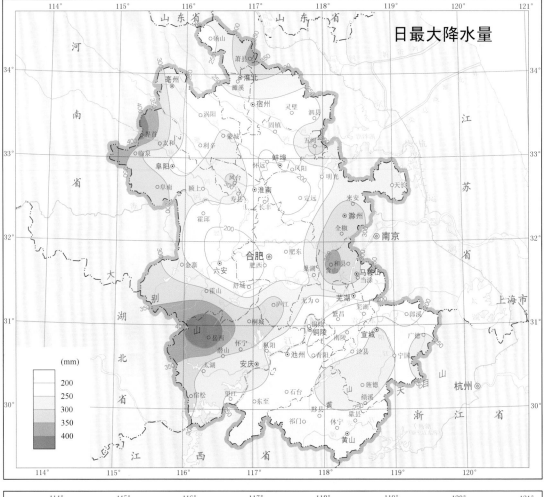

日最大降水量

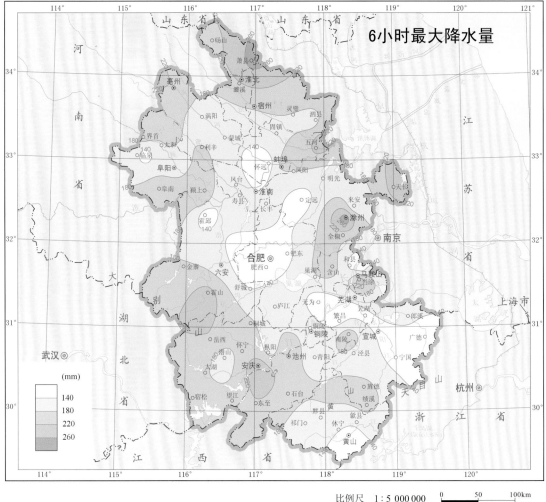

6小时最大降水量

比例尺　1：5 000 000

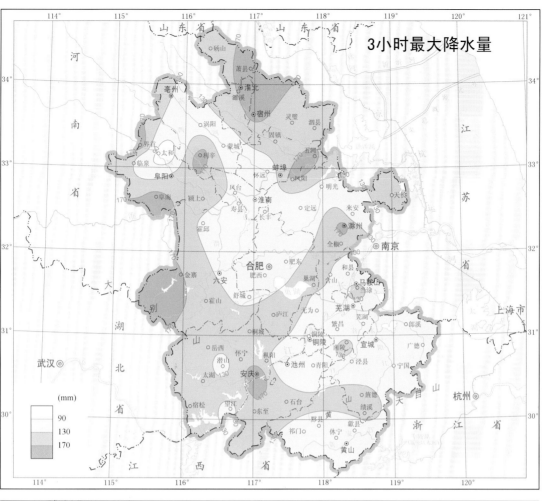

3小时最大降水量

(mm)
90
130
170

1小时最大降水量

(mm)
75
90
105

比例尺　1 : 5 000 000　　0　　50　　100km

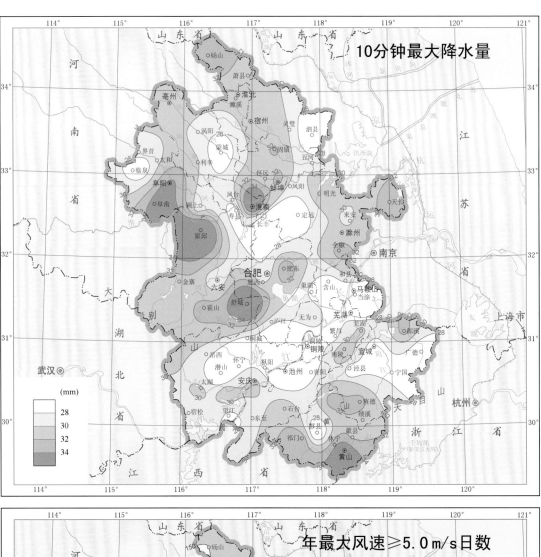

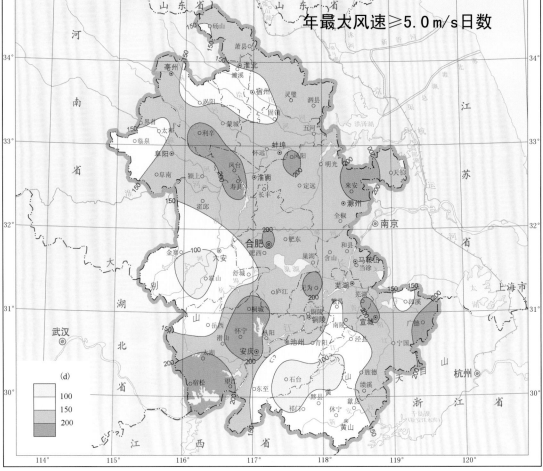

比例尺　1：5 000 000

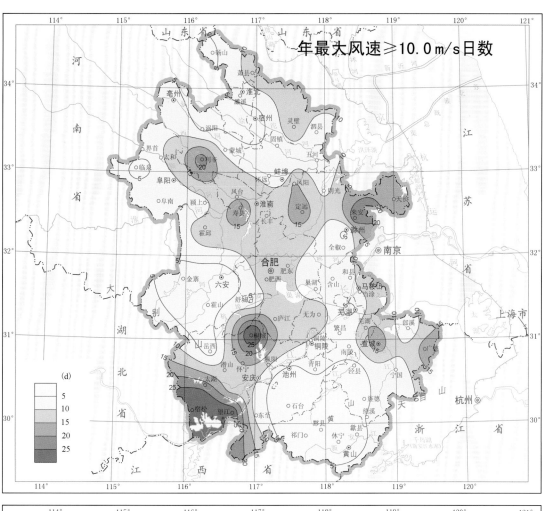

年最大风速≥10.0 m/s日数

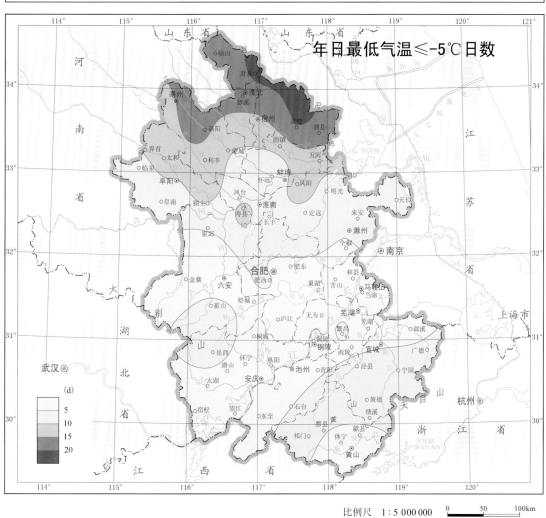

年日最低气温≤-5℃日数

比例尺 1:5 000 000

199

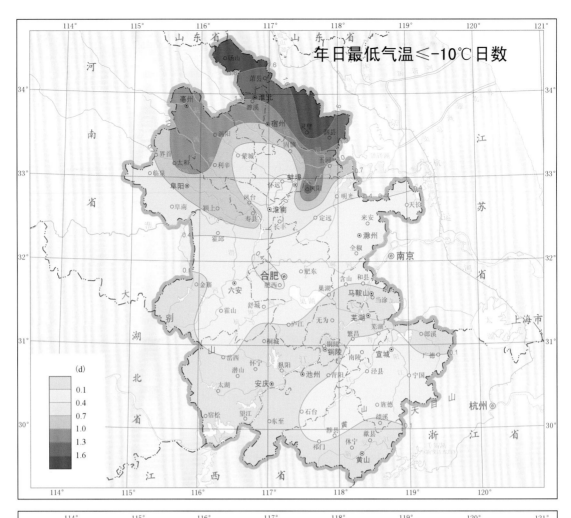

年日最低气温≤-10℃日数

(d)
0.1
0.4
0.7
1.0
1.3
1.6

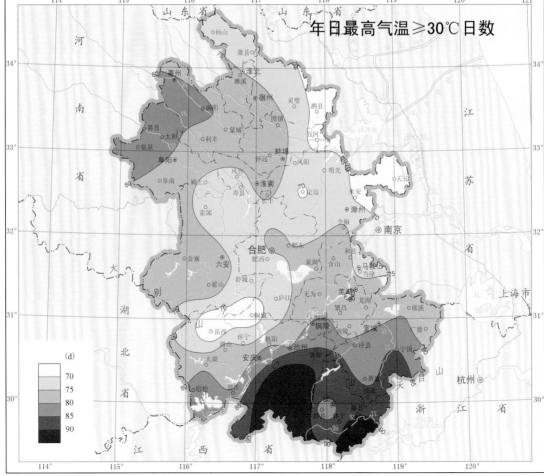

年日最高气温≥30℃日数

(d)
70
75
80
85
90

比例尺 1：5 000 000   0   50   100km

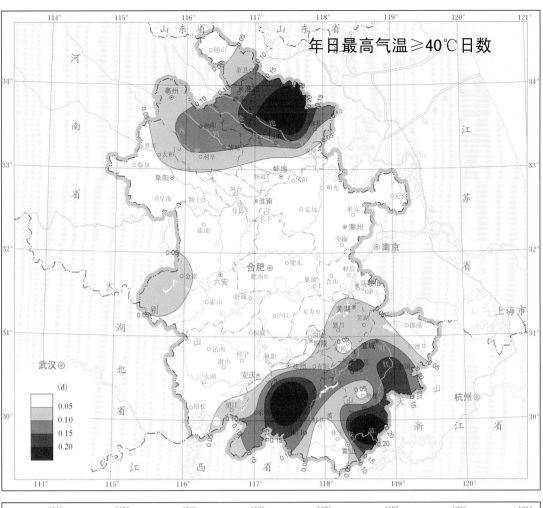

年日最高气温≥40℃日数

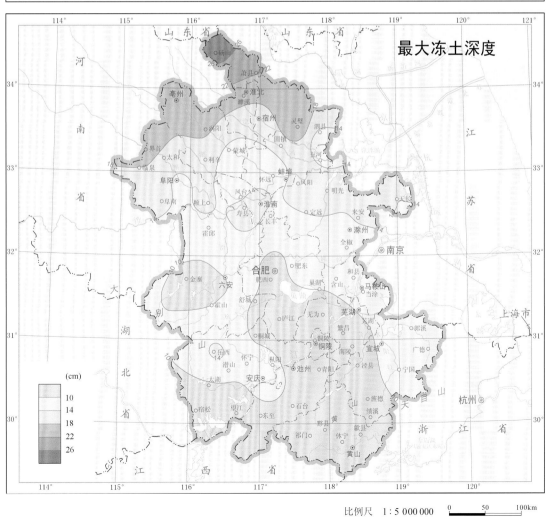

最大冻土深度

比例尺　1:5 000 000

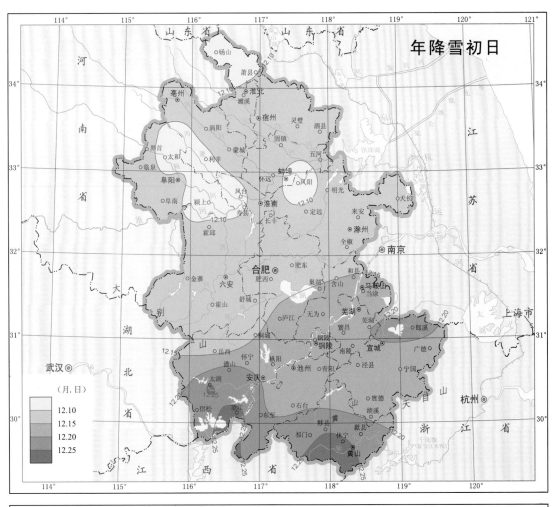

年降雪初日

（月.日）
12.10
12.15
12.20
12.25

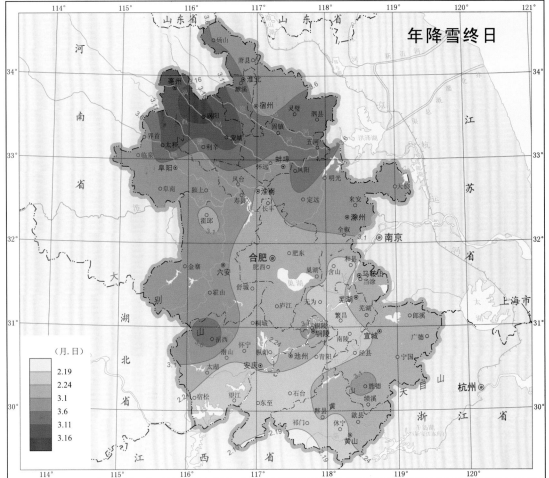

年降雪终日

（月.日）
2.19
2.24
3.1
3.6
3.11
3.16

安徽省气候图集

Climatological Atlas of Anhui Province

比例尺　1：5 000 000　　0　　50　　100km

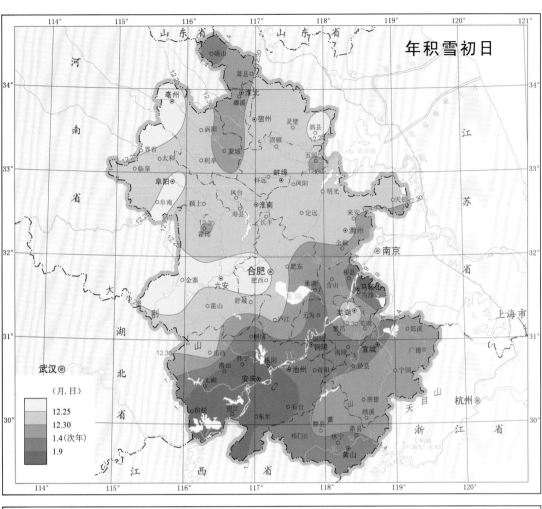

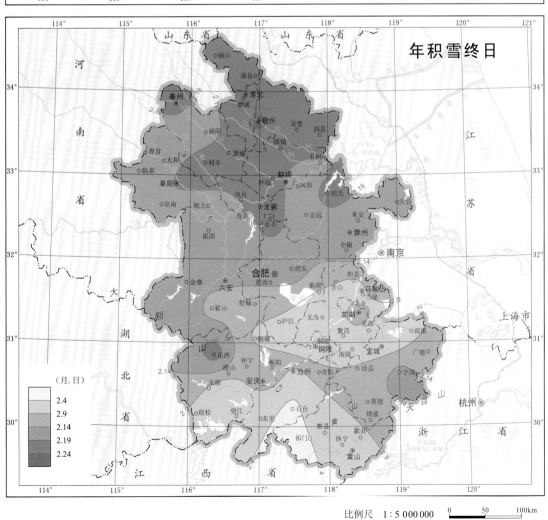

比例尺　1:5 000 000

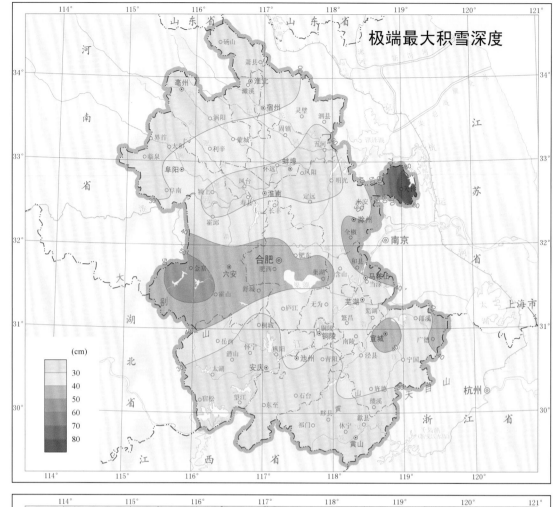

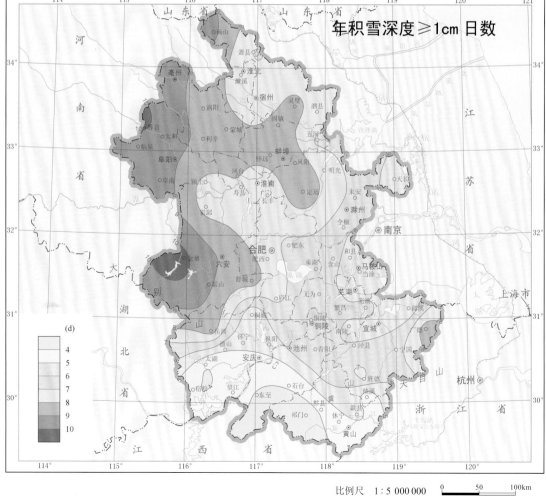

比例尺 1:5 000 000

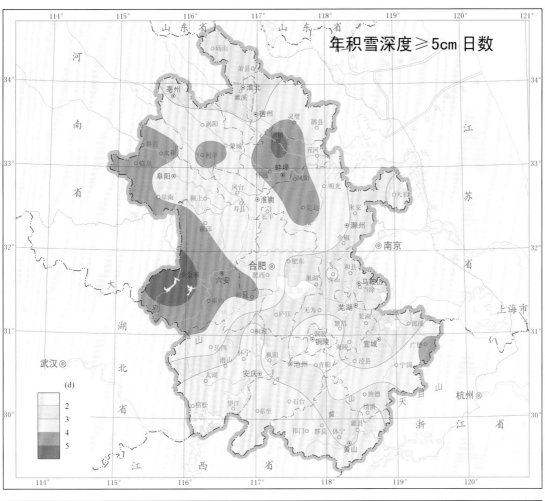

年积雪深度≥5cm 日数

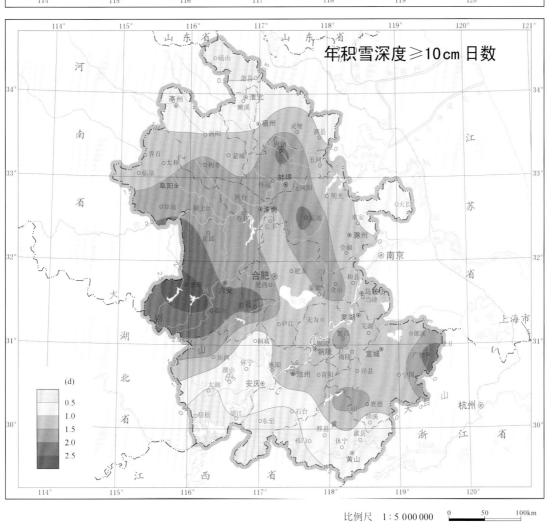

年积雪深度≥10cm 日数

比例尺　1：5 000 000　　0　50　100km

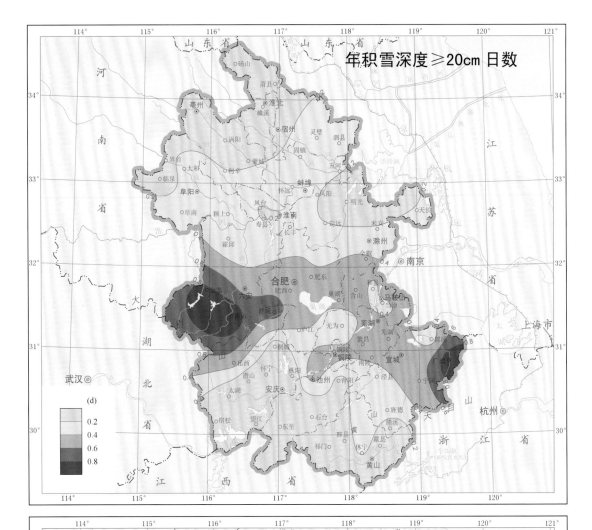

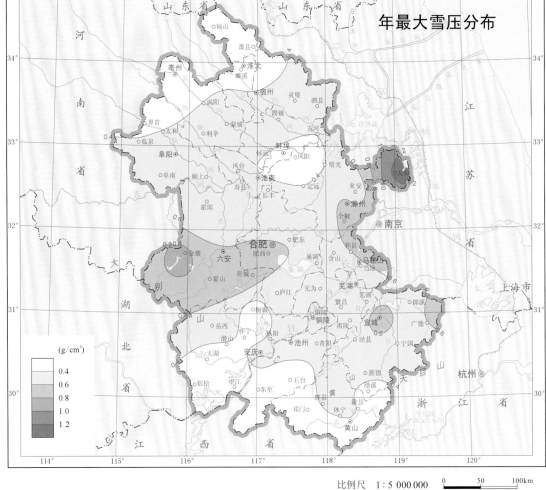

比例尺 1：5 000 000   0   50   100km

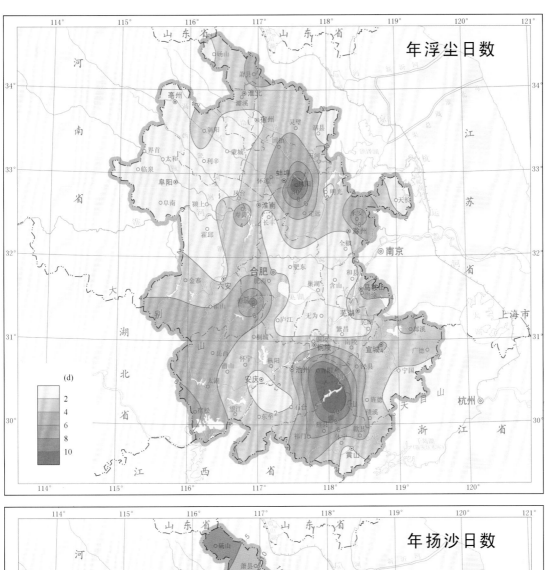

年浮尘日数

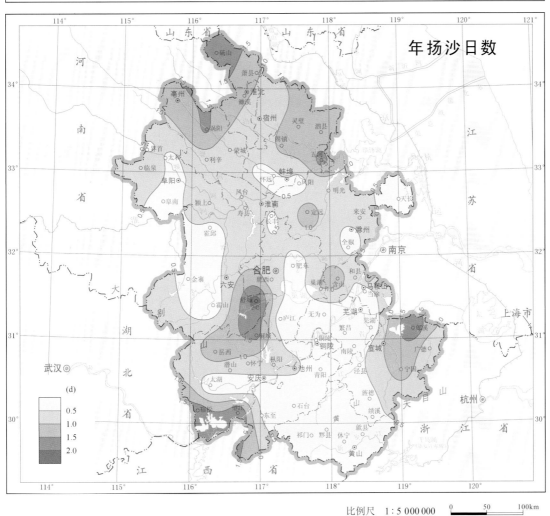

年扬沙日数

比例尺 1:5 000 000

0   50   100km

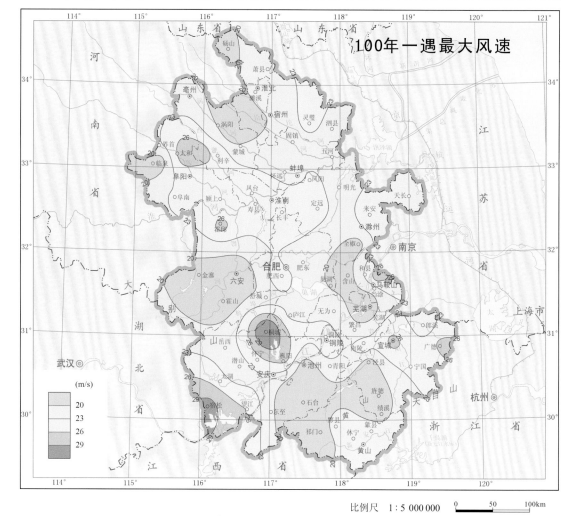

比例尺　1：5 000 000

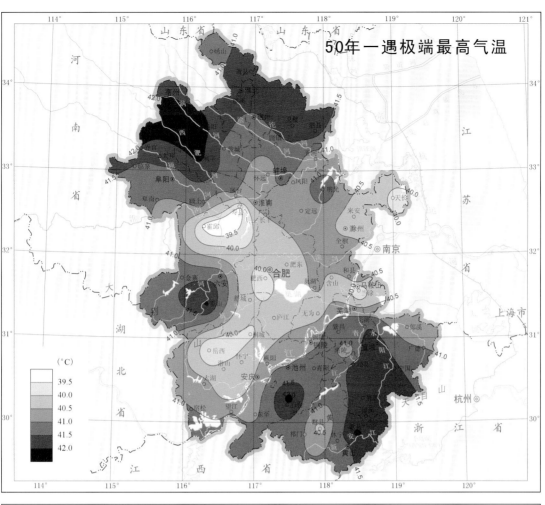

50年一遇极端最高气温

(°C)

	39.5
	40.0
	40.5
	41.0
	41.5
	42.0

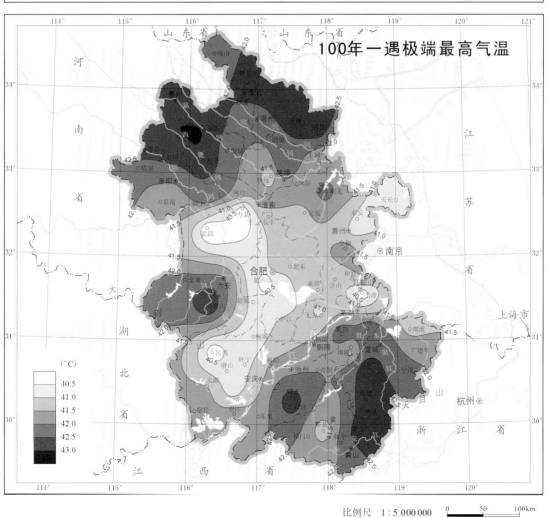

100年一遇极端最高气温

(°C)

	40.5
	41.0
	41.5
	42.0
	42.5
	43.0

比例尺　1:5 000 000　　0　　50　　100km

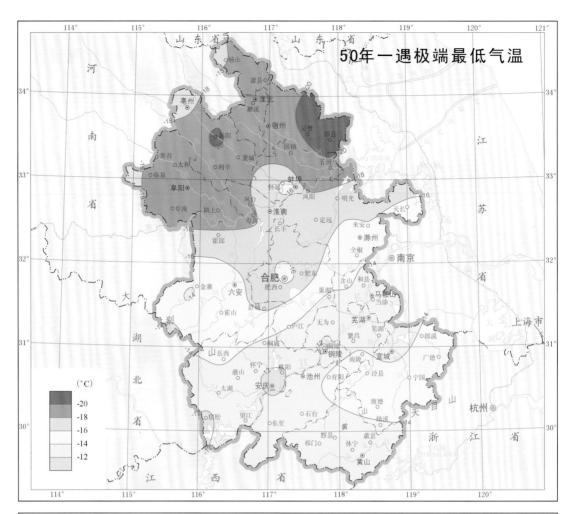

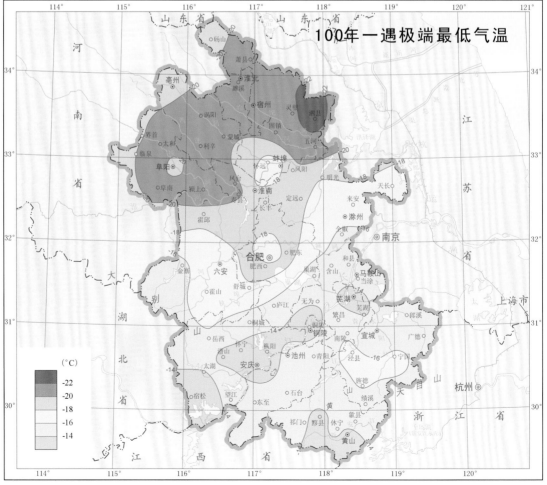

比例尺　1：5 000 000

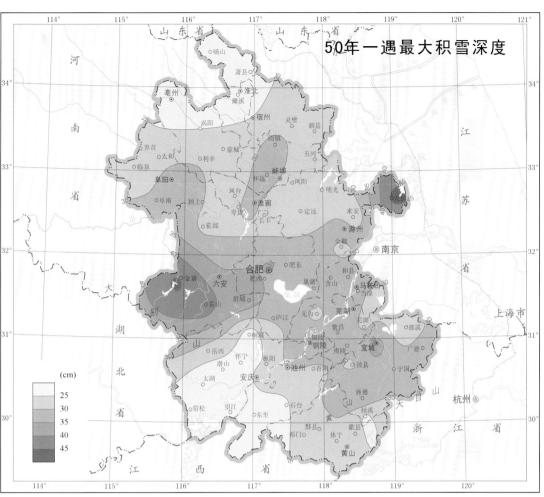

50年一遇最大积雪深度

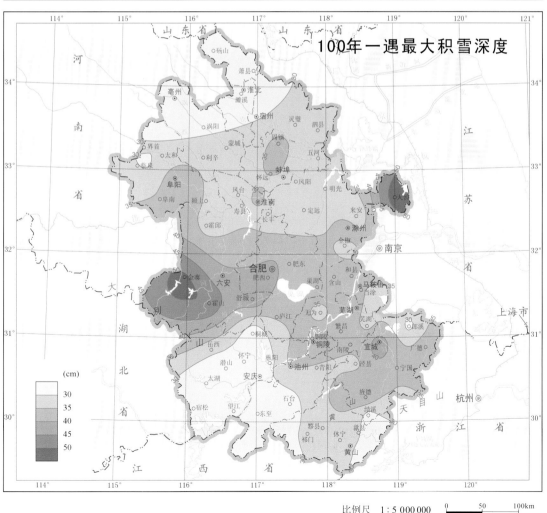

100年一遇最大积雪深度

比例尺 1:5 000 000

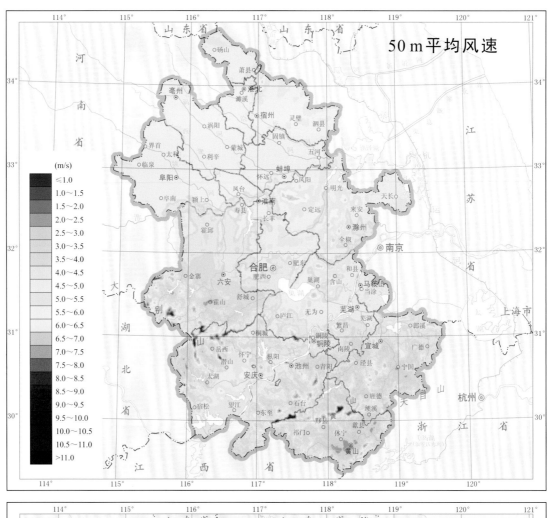

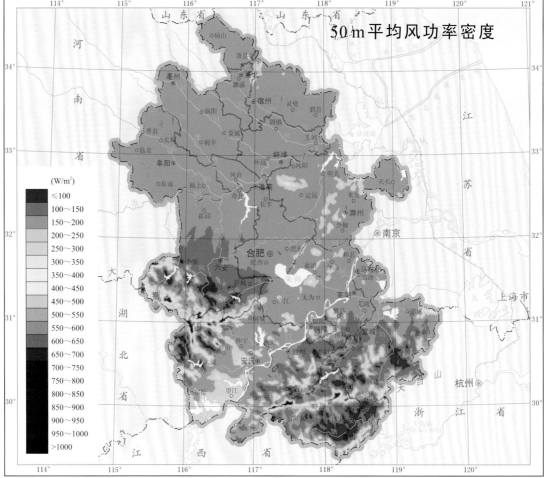

比例尺　1：5 000 000

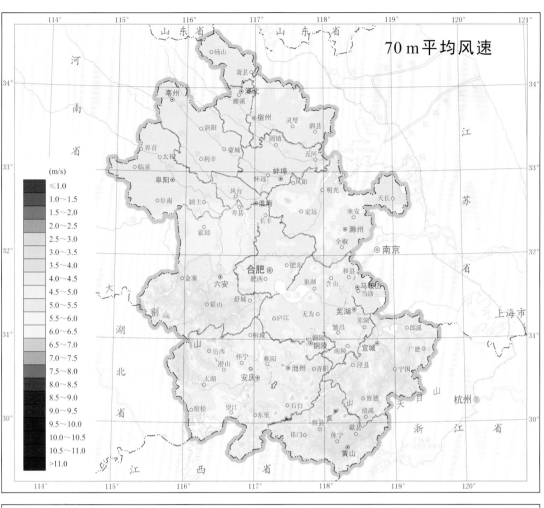

70 m平均风速

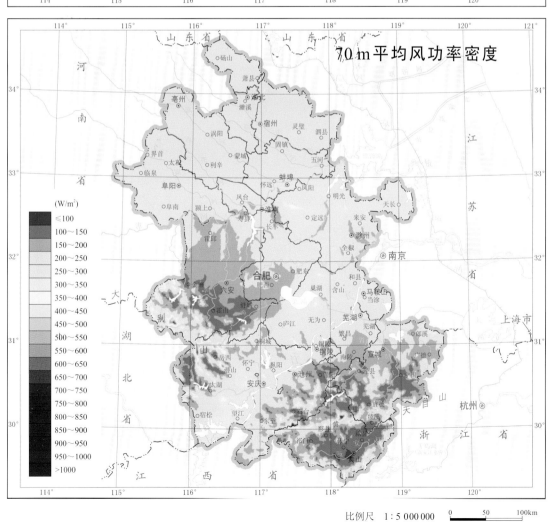

70 m平均风功率密度

比例尺　1:5 000 000

0　　50　　100km

农业气候及区划　气象灾害风险区划　工程气候　**风能及太阳能资源**

213

年总辐射量

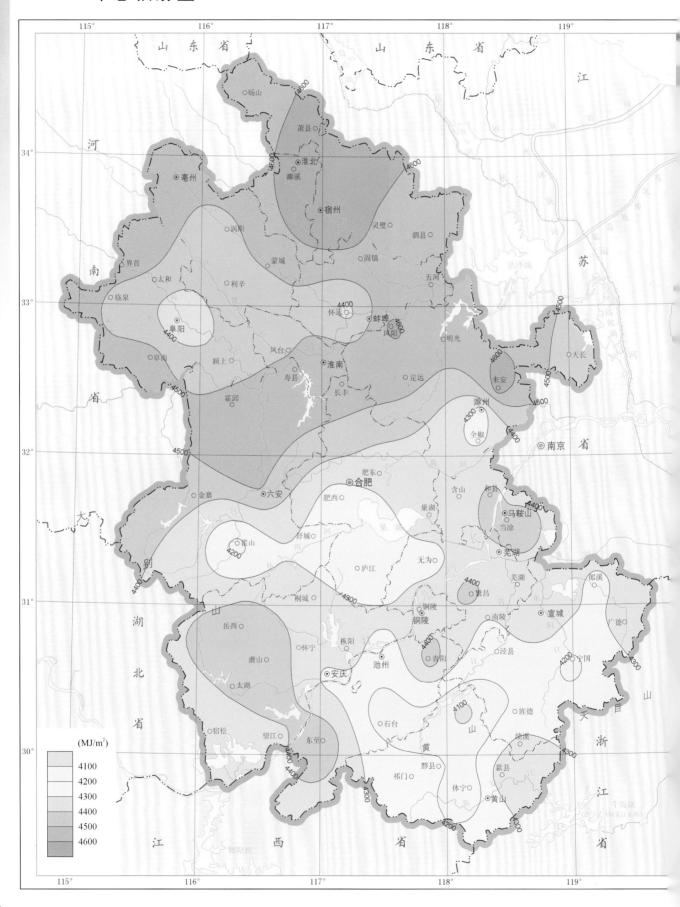

(MJ/m²)

	4100
	4200
	4300
	4400
	4500
	4600

比例尺　1：2 800 000　　0　　28　　56km

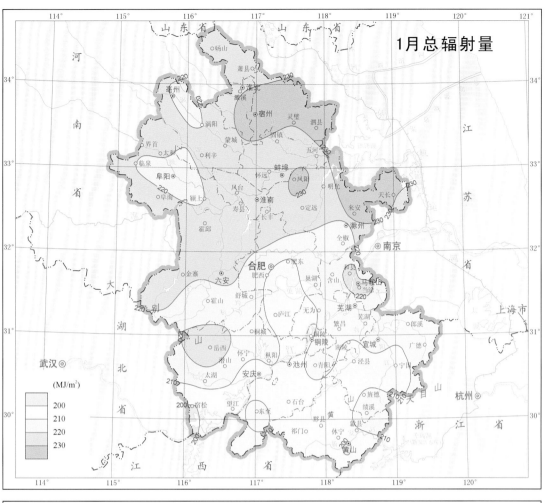

比例尺 1:5 000 000　　0　50　100km

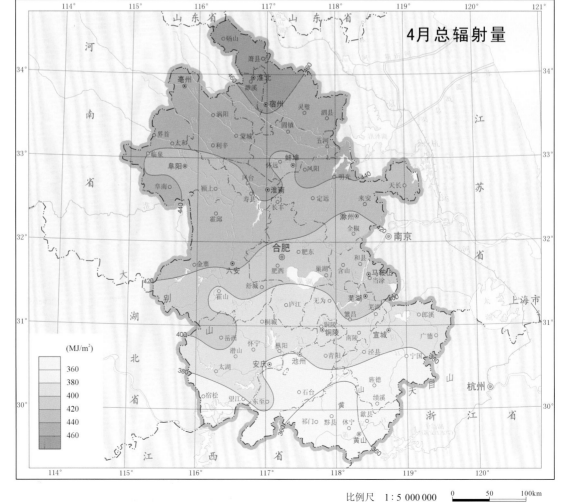

比例尺 1:5 000 000   0   50   100km

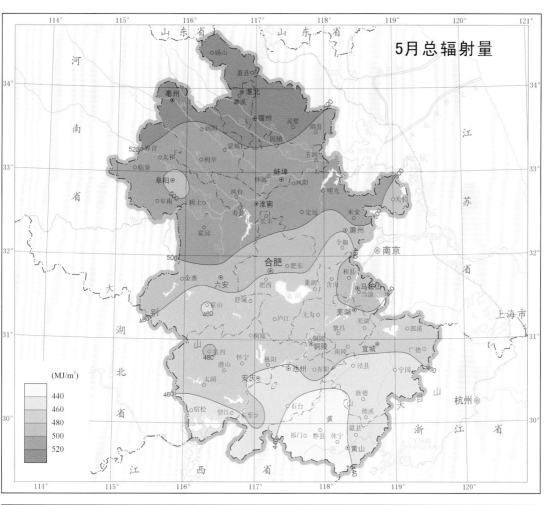

5月总辐射量

(MJ/m²)
440
460
480
500
520

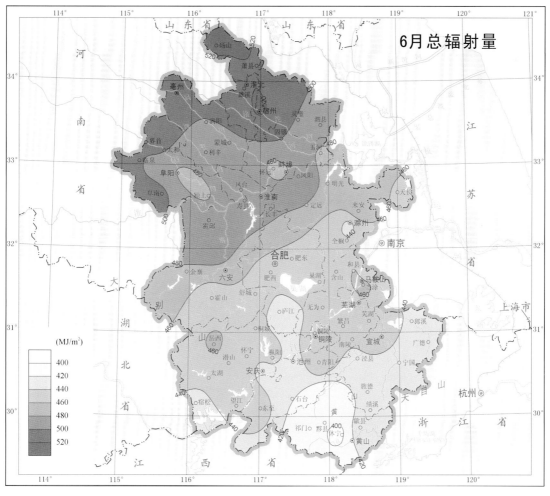

6月总辐射量

(MJ/m²)
400
420
440
460
480
500
520

比例尺 1:5 000 000　　0　50　100km

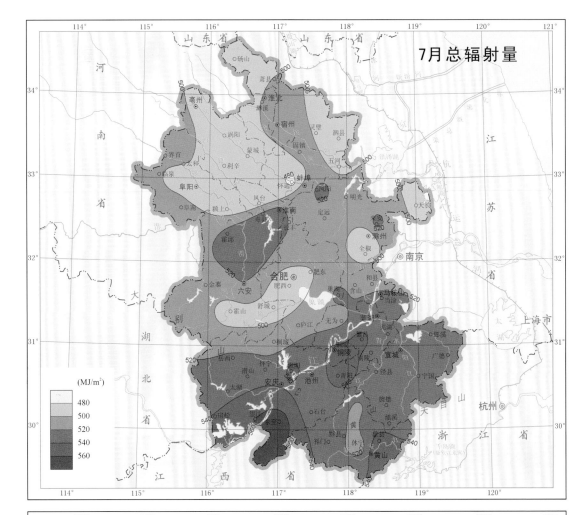

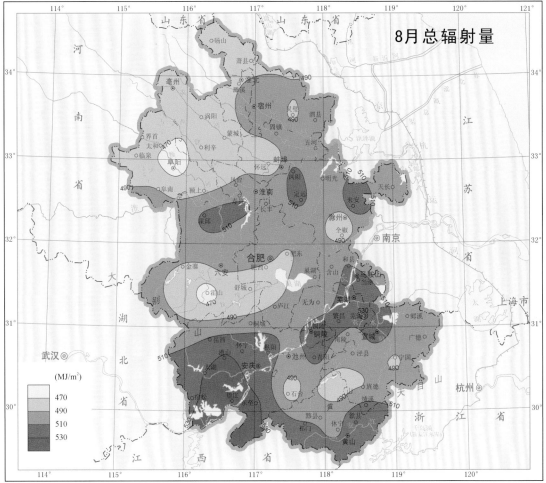

比例尺 1：5 000 000

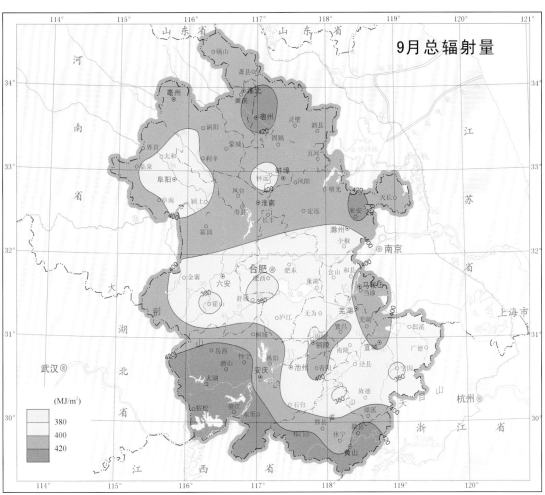

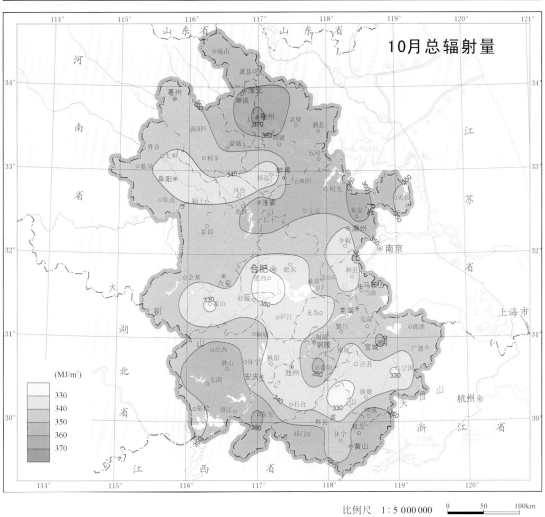

比例尺　1:5 000 000　　0　　50　　100km

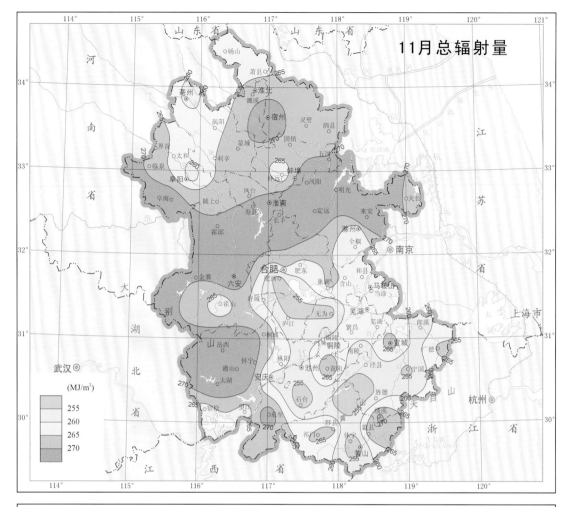

11月总辐射量

(MJ/m²)
255
260
265
270

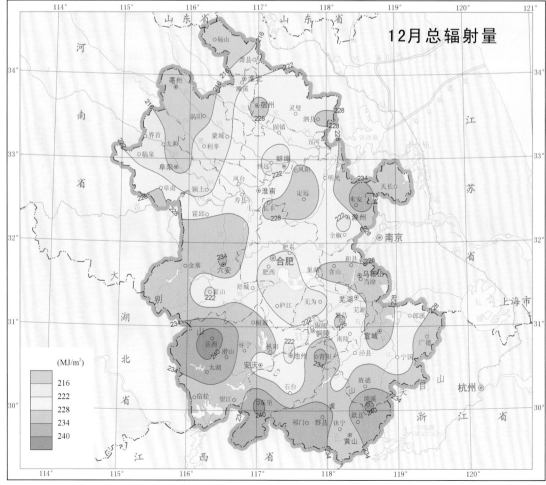

12月总辐射量

(MJ/m²)
216
222
228
234
240

比例尺 1:5 000 000   0   50   100km

序　图
基本气候图
灾害性天气气候图
应用气候图

气候变化图

年平均气温变率

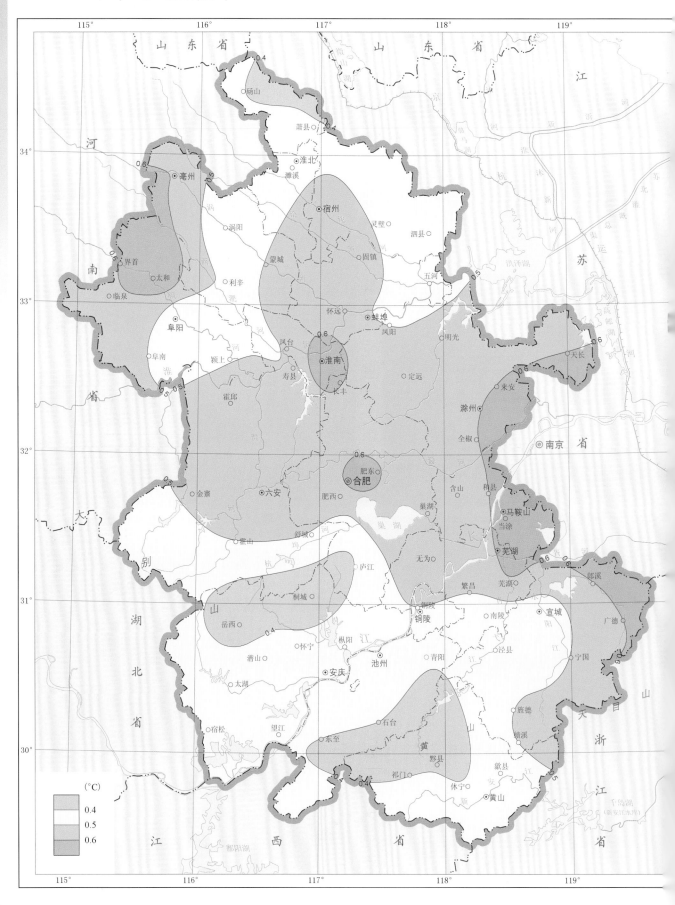

比例尺 1：2 800 000

1月平均气温变率

4月平均气温变率

比例尺　1∶5 000 000　0　50　100km

223

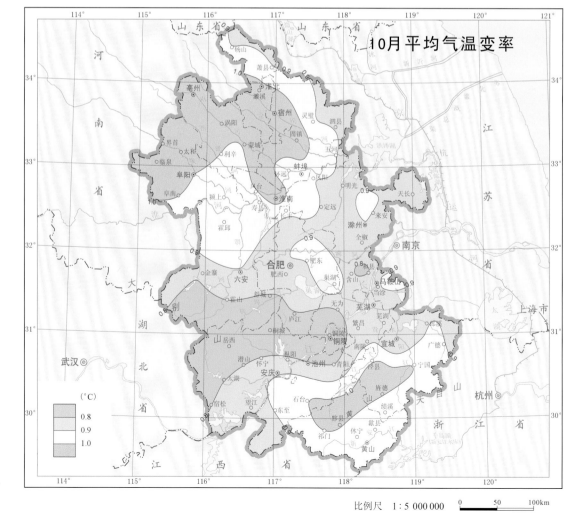

7月平均气温变率

10月平均气温变率

比例尺　1:5 000 000　　0　50　100km

平均气温历年变化

全 年

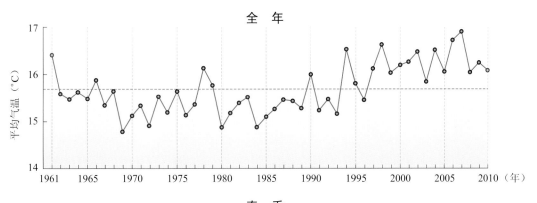

春 季

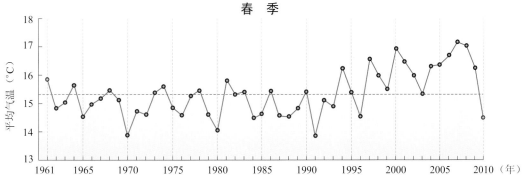

夏 季

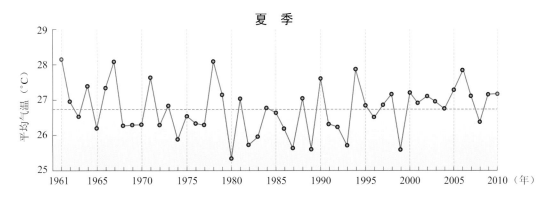

秋 季

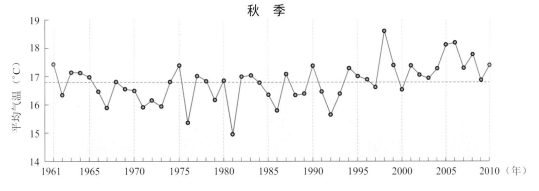

冬 季

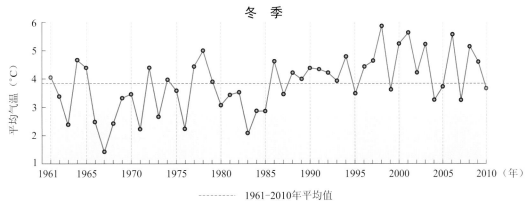

---------- 1961-2010年平均值

气候变化图

年降水量相对变率

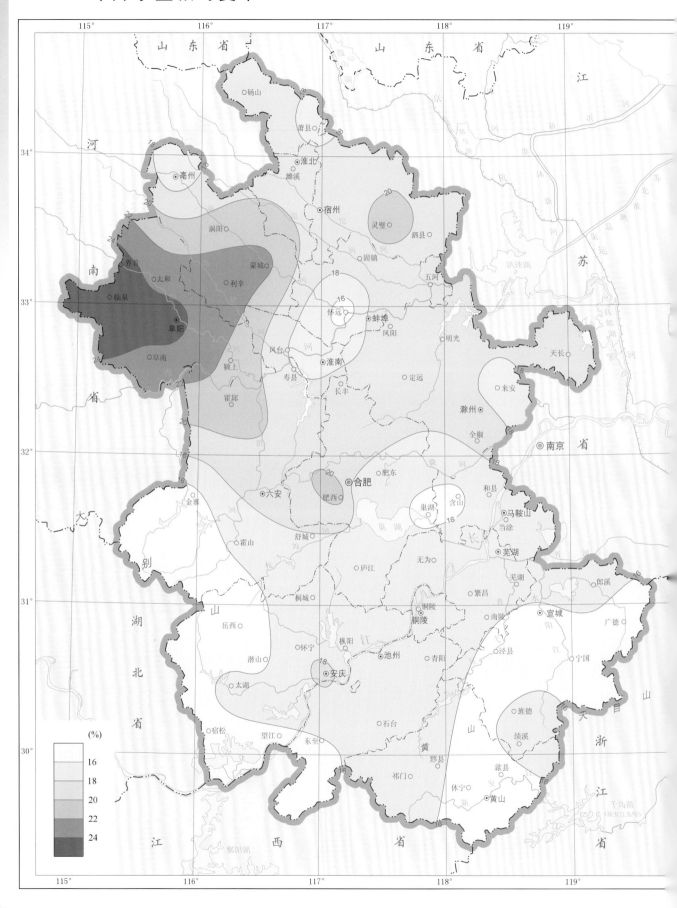

安徽省气候图集
Climatological Atlas of Anhui Province

比例尺 1:2 800 000   0   28   56km

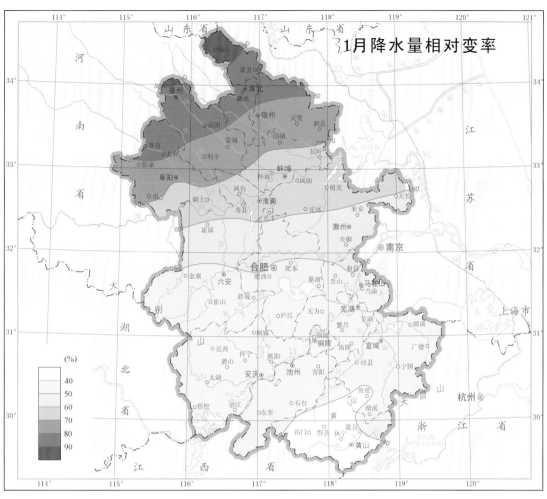

1月降水量相对变率

4月降水量相对变率

比例尺 1:5 000 000　0　50　100km

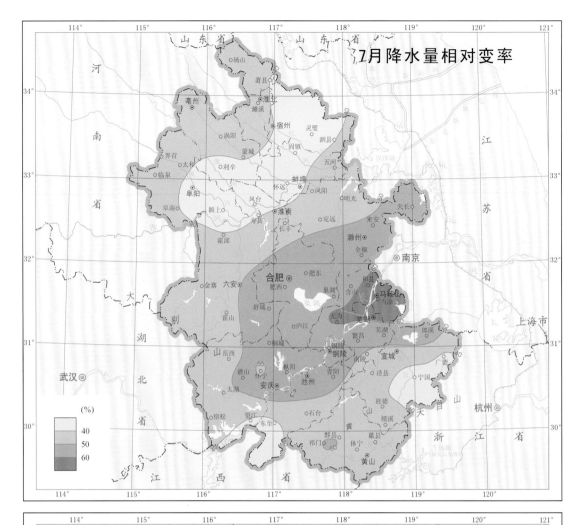

7月降水量相对变率

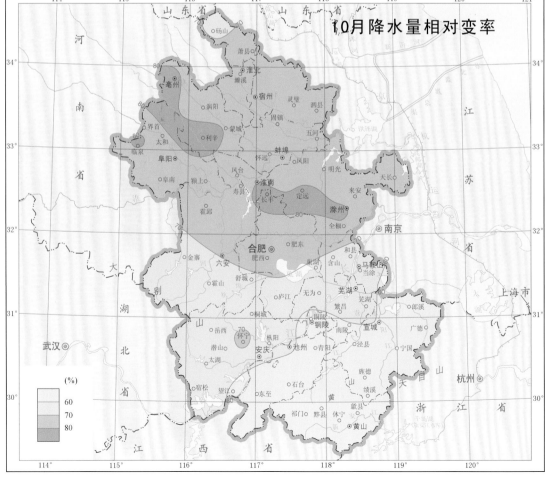

10月降水量相对变率

比例尺 1:5 000 000

降水量历年变化

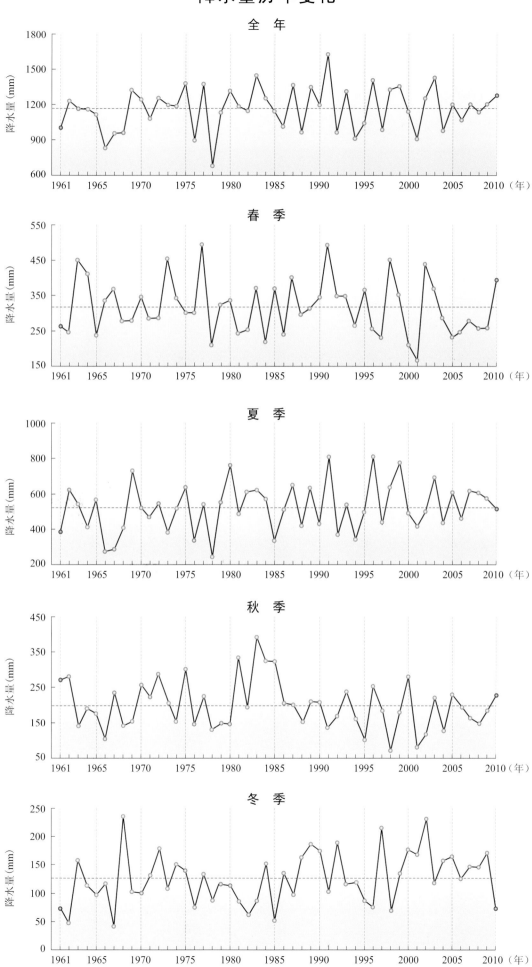

全　年

春　季

夏　季

秋　季

冬　季

-------- 1961-2010年平均值

年降水日数历年变化

小 雨

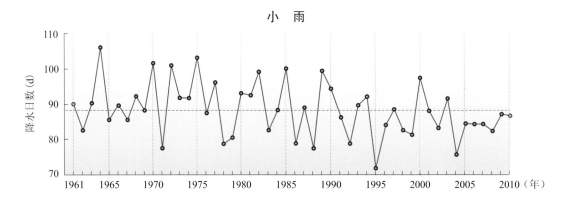

中 雨

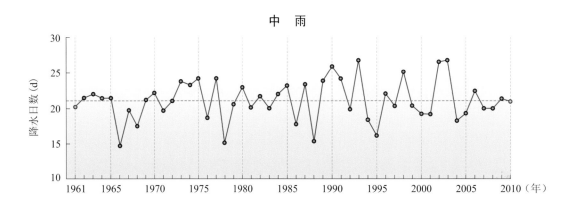

大 雨

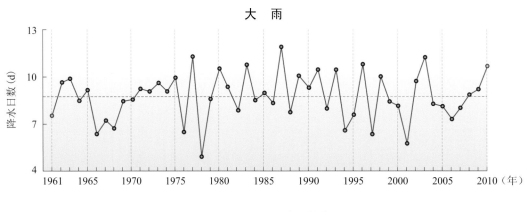

-------- 1961-2010年平均值

梅雨量和梅雨期历年变化

沿江江南

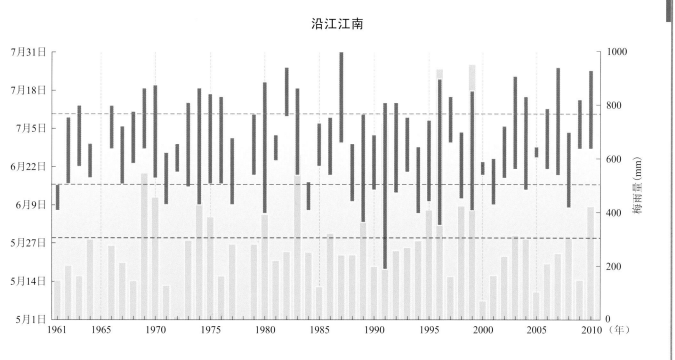

江淮之间

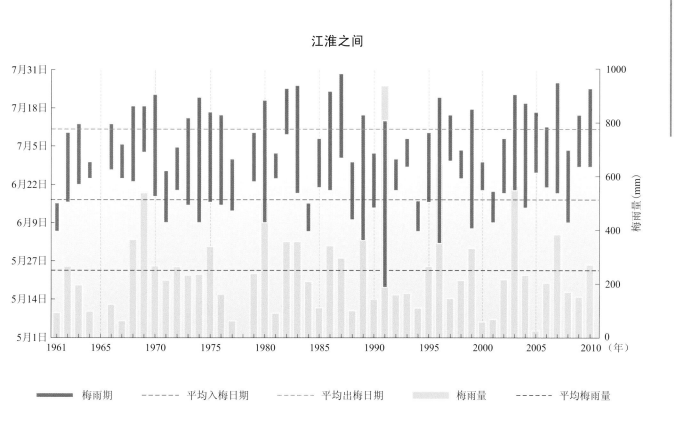

梅雨期　------- 平均入梅日期　------- 平均出梅日期　　梅雨量　------- 平均梅雨量

夏季降水距平百分率年代际变化

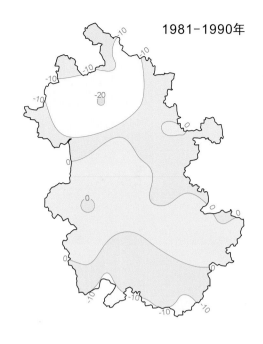

1981-1990年

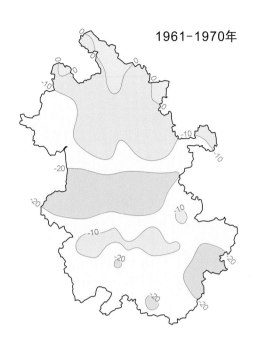

1961-1970年

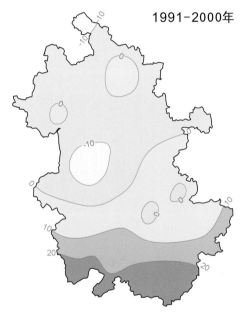

1991-2000年

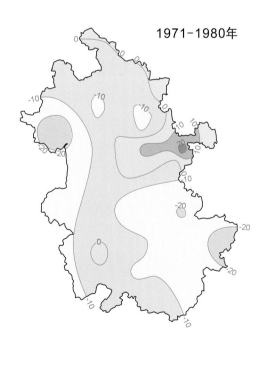

1971-1980年

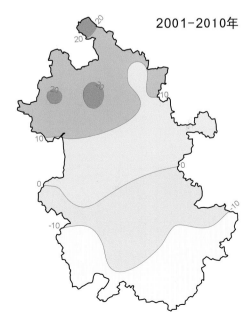

2001-2010年

| -20 | -10 | 0 | 10 | 20 | (%) |

比例尺　1：7 500 000

0　　　75　　　150km

日照时数历年变化

全　年

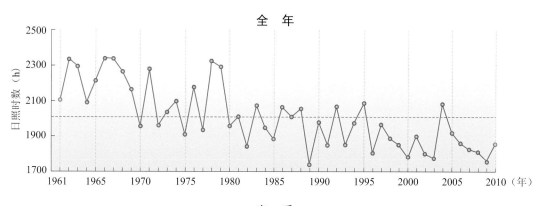

春　季

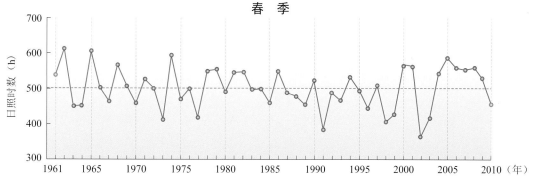

夏　季

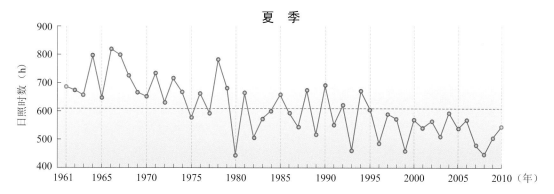

秋　季

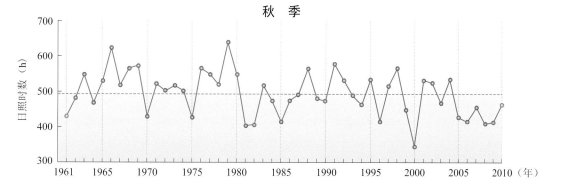

冬　季

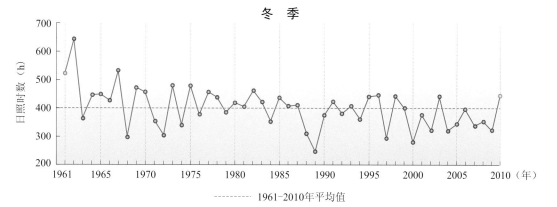

--------- 1961-2010年平均值

气温变化
降水变化
日照变化
线性倾向率
芜湖近百年变化
灾害性天气变化
四季变化
均一性代表站要素历年变化

233

年平均气温倾向率

　　全省各地年平均气温倾向率均为正值，表明所有地区的气温都有升高趋势。升高幅度全省分布不均，相对大值区在合肥以北及沿江东部地区，平均每年升高0.03～0.06℃；江南大部和江淮西南部升高幅度相对较小。

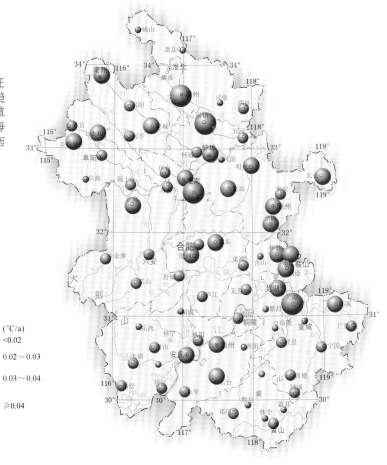

(℃/a)
- ⚪ <0.02
- ⚪ 0.02～0.03
- ⚪ 0.03～0.04
- ⚪ ≥0.04

年降水量倾向率

　　全省各地年降水量倾向率以正值为主，表明这些地区年降水量有增多趋势，其中淮北、江淮东部和江南南部增加趋势较为明显，平均每年增加3～5 mm；而负值主要零散分布在江南一带，从数值上来看，除芜湖县外，其他地区降水减少趋势相对较小。

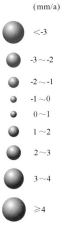

(mm/a)
- ⚪ <-3
- ⚪ -3～-2
- ⚪ -2～-1
- ⚪ -1～0
- ⚪ 0～1
- ⚪ 1～2
- ⚪ 2～3
- ⚪ 3～4
- ⚪ ≥4

安徽省气候图集

Climatological Atlas of Anhui Province

比例尺　1：5 000 000　　0　　50　　100km

年小雨日数倾向率

全省年小雨日数倾向率大部分地区为负值，表明各地年小雨日数有减少趋势，大约平均每年减少0.04～0.4 d。

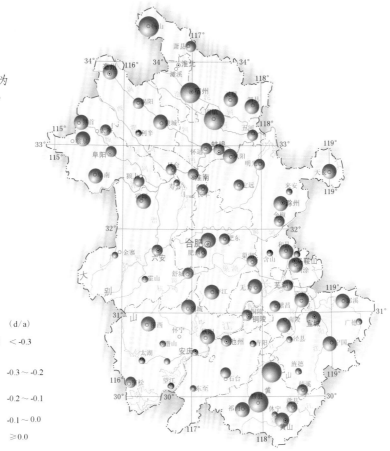

（d/a）

○ < -0.3

○ -0.3～-0.2

○ -0.2～-0.1

○ -0.1～0.0

○ ≥0.0

年中雨日数倾向率

除淮北北部、大别山区局部和江南南部外，全省其他地区中雨日数倾向率均为正值，但数值大多不足0.1 d/a，表明这些地区中雨略有增加趋势。

（d/a）

○ < -0.05

○ -0.05～0.00

○ 0.00～0.05

○ ≥0.05

235

比例尺　1：5 000 000　　0　　50　　100km

年大雨日数倾向率

全省各地年大雨日数倾向率有正有负，但绝对数值不足0.1 d/a，表明这些地区大雨日数的变化幅度不大。

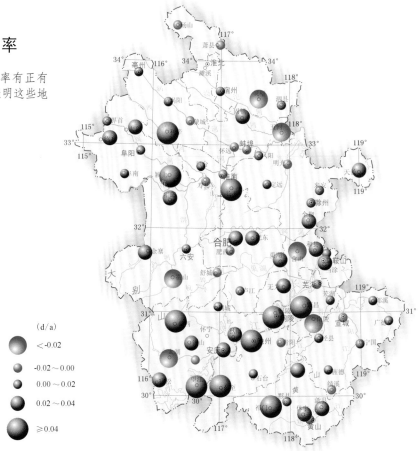

(d/a)

○ < -0.02

○ -0.02 ~ 0.00

○ 0.00 ~ 0.02

○ 0.02 ~ 0.04

○ ≥ 0.04

年暴雨日数倾向率

全省各地年暴雨日数倾向率有正有负,但以正为主,相对较大的正值区分布在淮北和江南南部，表明这些地区暴雨日数有增加趋势；负值主要分布在江淮之间和沿江地区，表明这些地区暴雨日数呈减少趋势。

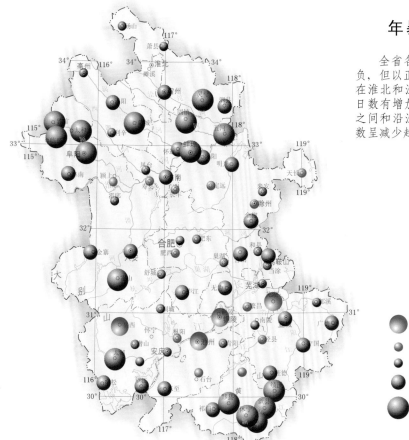

(d/a)

○ < -0.02

○ -0.02 ~ 0.00

○ 0.00 ~ 0.02

○ 0.02 ~ 0.04

○ ≥ 0.04

比例尺　1 : 5 000 000　　0　　50　　100km

年日照时数倾向率

全省各地年日照时数倾向率均为负值，表明这些地区年日照时数均呈显著减少趋势，平均每年约减少2.5～18.4 h，其中淮北西部、江淮中部、江南东部减少速度超过12 h/a。

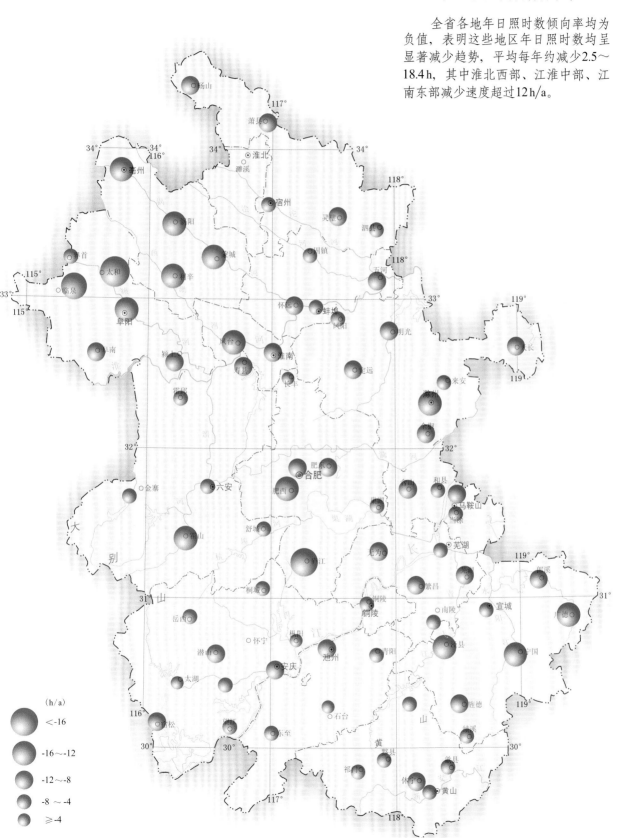

（h/a）
- ● < -16
- ● -16～-12
- ● -12～-8
- ● -8～-4
- ● ≥ -4

比例尺　1:2 800 000

0　28　56km

芜湖近百年气象要素历年变化

年降水量

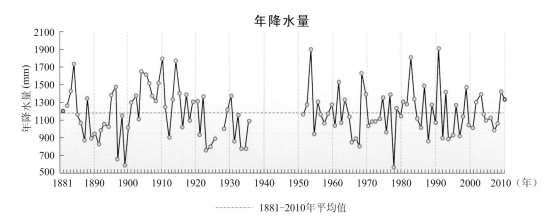

-------- 1881-2010年平均值

年平均气温

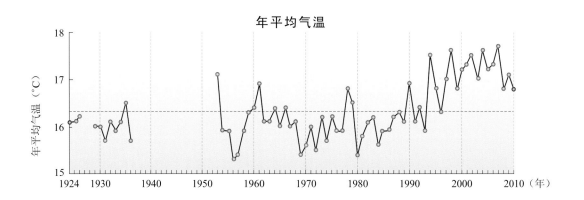

年平均最高气温

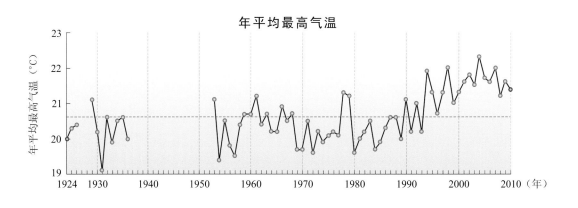

年平均最低气温

-------- 1924-2010年平均值

灾害性天气历年变化

年暴雨日数

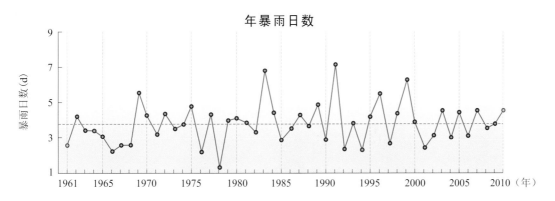

年干旱日数

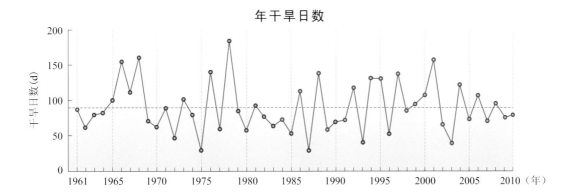

年高温日数

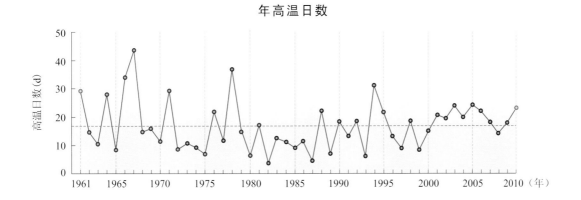

年日最低气温≤0°C日数

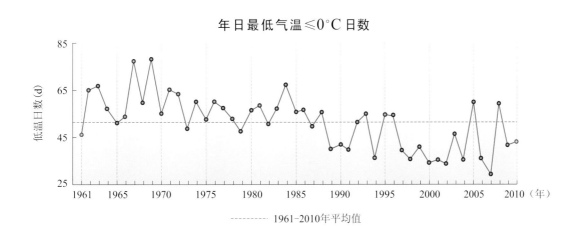

------- 1961-2010年平均值

239

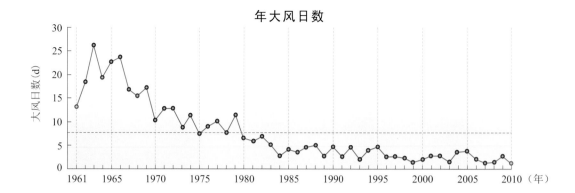

年大风日数

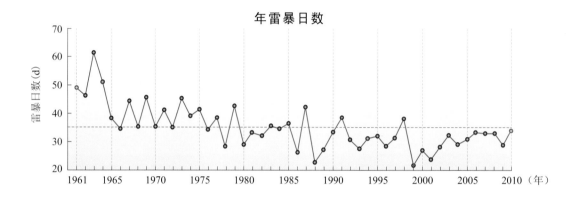

年雷暴日数

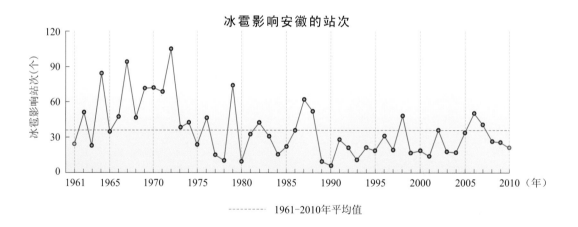

冰雹影响安徽的站次

- - - - - - - 1961-2010年平均值

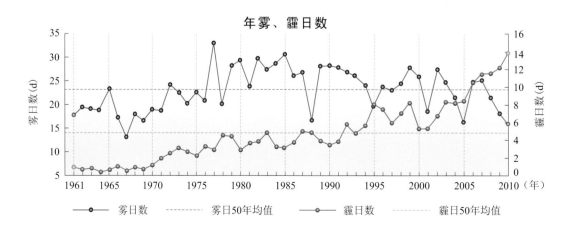

年雾、霾日数

────●──── 雾日数　　 - - - - - 雾日50年均值　　 ────●──── 霾日数　　 - - - - - 霾日50年均值

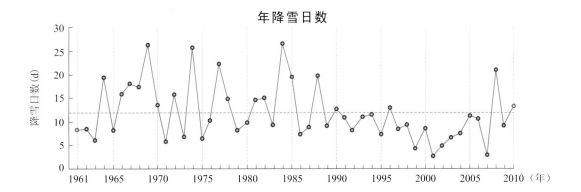

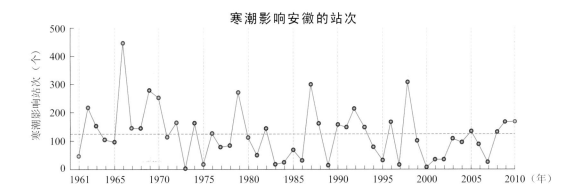

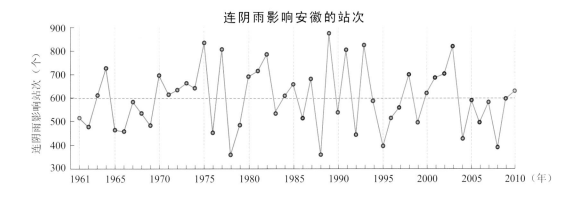

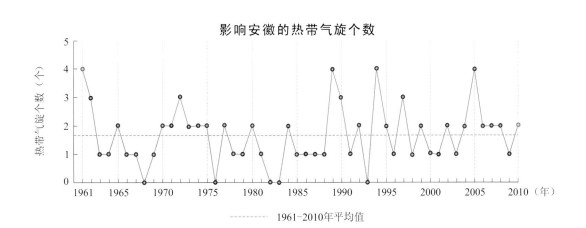

-------- 1961-2010年平均值

四季起止日期及长度的年代际变化

春 季

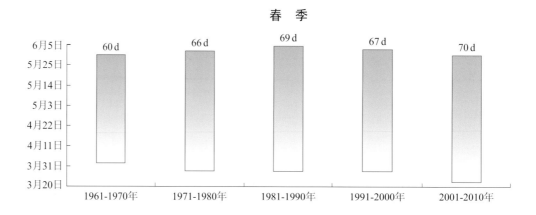

夏 季

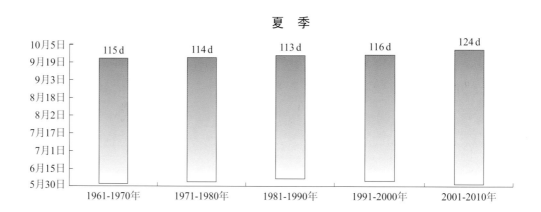

秋 季

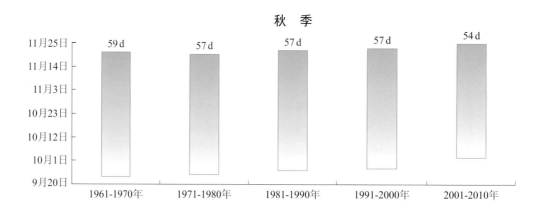

冬 季

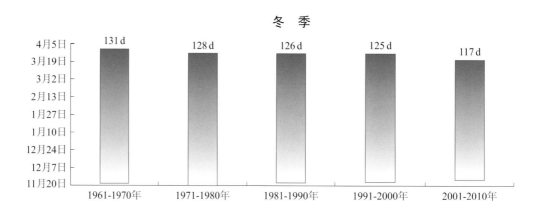

年降水量、平均气温、平均最高气温、平均最低气温、日照时数历年变化

亳 州

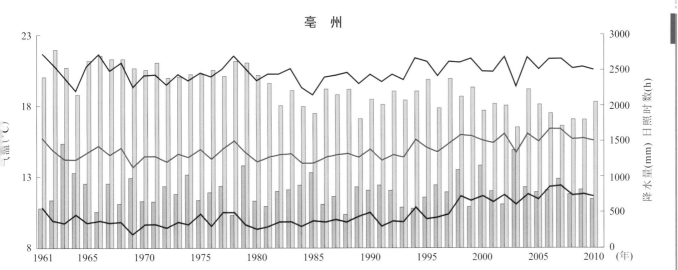

凤 阳

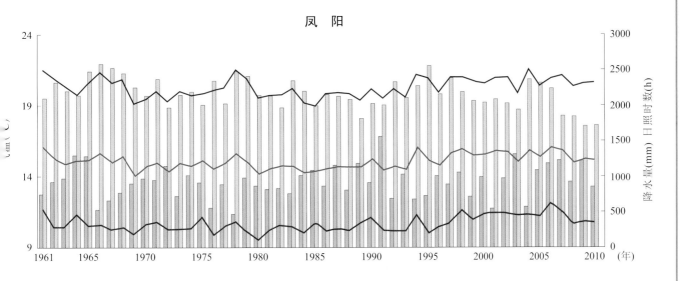

六 安

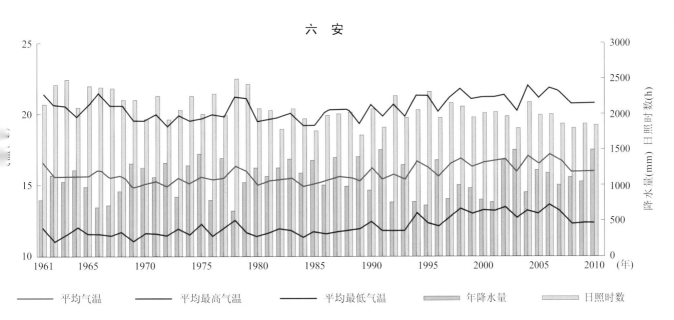

平均气温　　　　平均最高气温　　　　平均最低气温　　　　年降水量　　　　日照时数

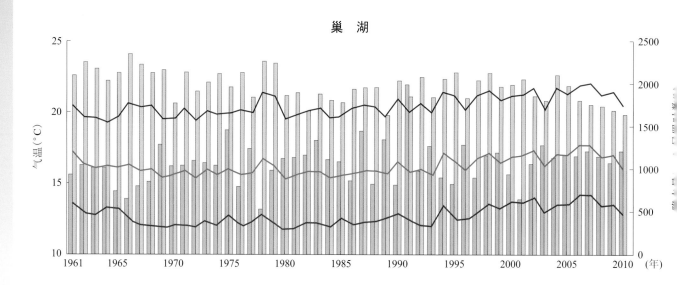

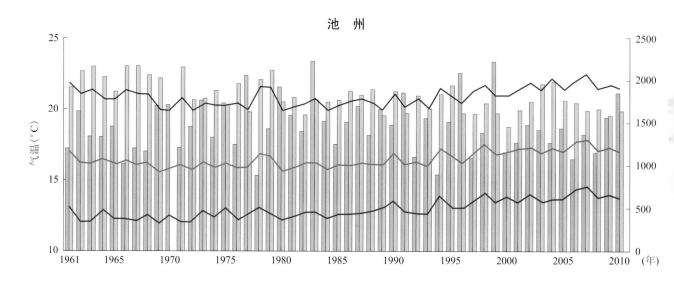

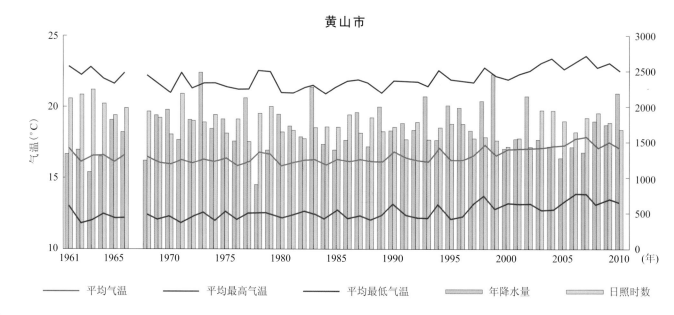